用水定额管理与评估

黄燕　张强　周训华　张康　著

中国水利水电出版社
www.waterpub.com.cn
·北京·

内 容 提 要

用水定额是衡量各行业、各企业用水、节水水平的重要指标，目前国内各省区制定的用水定额标准与当前实际用水水平已有差距，因此正确评价用水定额的合理性显得尤为重要。本书主要围绕用水定额管理与评估这一主题进行相关理论和技术方面的探讨。主要内容包括：用水定额基本制度、用水定额的编制、用水定额规范性评估、覆盖性评估、合理性评估、实用性评估、先进性评估、对策与建议。

本书可供水利、生态及相关行业的科研与管理人员参考使用。

图书在版编目（CIP）数据

用水定额管理与评估 / 黄燕等著. -- 北京 : 中国水利水电出版社, 2017.9
ISBN 978-7-5170-5822-9

Ⅰ. ①用… Ⅱ. ①黄… Ⅲ. ①用水量一定额管理②用水量一定额一评估 Ⅳ. ①TU991.31

中国版本图书馆CIP数据核字(2017)第221637号

书　　名	**用水定额管理与评估** YONGSHUI DING'E GUANLI YU PINGGU
作　　者	黄燕　张强　周训华　张康　著
出版发行	中国水利水电出版社 （北京市海淀区玉渊潭南路1号D座　100038） 网址：www.waterpub.com.cn E-mail：sales@waterpub.com.cn 电话：（010）68367658（营销中心）
经　　售	北京科水图书销售中心（零售） 电话：（010）88383994、63202643、68545874 全国各地新华书店和相关出版物销售网点
排　　版	中国水利水电出版社微机排版中心
印　　刷	北京市密东印刷有限公司
规　　格	170mm×240mm　16开本　11.25印张　162千字
版　　次	2017年9月第1版　2017年9月第1次印刷
印　　数	0001—3000册
定　　价	**42.00**元

前言

用水定额是衡量各行业和各企业用水、节水水平的重要指标，是保证水资源的使用权从流域到区域，从区域到行业的科学配置的技术依据，是强化节约用水、保护水资源、合理配置水资源、提高水的利用效率的重要保证。2011年中央一号文件要求加快制定区域、行业和用水产品的用水效率指标体系，加强用水定额和计划管理。

用水定额管理是水资源管理的基础性工作，但随着经济社会快速发展、产业升级与技术进步，各省（区）制定的用水定额标准与当前实际用水水平已有差距，因此正确评价用水定额的合理性显得尤为重要。

广西壮族自治区、广东省、海南省位于我国华南湿润地区，属珠江流域，水量较为丰沛，长期以来形成的用水习惯、产业结构布局短期内还难以改变，浪费水的行为，高耗水、高污染行业还普遍存在。目前，广西壮族自治区、广东省、海南省均颁布了行业用水定额地方标准。用水定额在建设项目水资源论证、取水许可管理、计划用水管理、节水管理、用水定额累进加价制度的实施以及用水总量控制等水资源日常管理等工作中得以运用，有效地强化了水资源管理，对指导合理用水起到了积极作用，推进了节水型社会建设。但随着社会经济的快速发展，人口的不断增长，产业升级与技术进步，节约用水工作的不断推进和深入，各省（区）现行用水定额存在不完善、细化不够、定额标准与当前用水实际存在差距等一系列问题。与此同时，用水定额管理中还存在定额标准空缺、搁置，用水定额覆盖不全面，用水定额差异大，区域间不平衡等问题。为此，在水资源管理的新形势下，开展用水定额评估，为定额修订提供基础，对于加强用水效率控制及用水定额管理具有十分重要的意义。

定额评估与修订的研究还处于起步阶段，相关文献较少，且大多数论述只是进行概括性的简要阐明，对定额修订的方式、方法、程序等均缺乏深层次的研究。较少涉及对行业用水定额覆盖性、合理性、先进性等情况的评价，缺乏系统的各行业用水定额评价体系。本书在介绍用水定额基本概念、基本体系、制定制度及管理现状的前提下，结合用水定额编制程序、方法，以海南省工业、生活和服务业用水定额修订为例，向读者介绍用水定额修订的基本方法及编制过程。其次以广西壮族自治区、广东省工业、生活和服务业用水定额为例，从规范性、覆盖性、合理性、实用性、先进性 5 个方面进行评估，向读者阐述定额评估方法。

本书的出版得到了 2017 年水资源管理项目“节水型社会建设”“广东省水资源节约与保护专项资金（粤财农〔2016〕91 号）”“广东省水利科技创新项目（2016－09）”“广东省自然科学基金项目（2015A030313845）”的资助支持。

书中主要研究工作是在马志鹏博士、张康博士的悉心指导下完成的，在本书编写过程中，得到了邓家泉、赖万安、何用、贺新春等同事的关心与支持，在此表示衷心的感谢！

定额评估与修订等诸多问题还有待深入研究，希望本书能起到抛砖引玉的作用。由于受编著者水平等多种因素所限，书中不足之处在所难免，恳请读者批评指正。

作者

2017 年 5 月

目
录
Contents

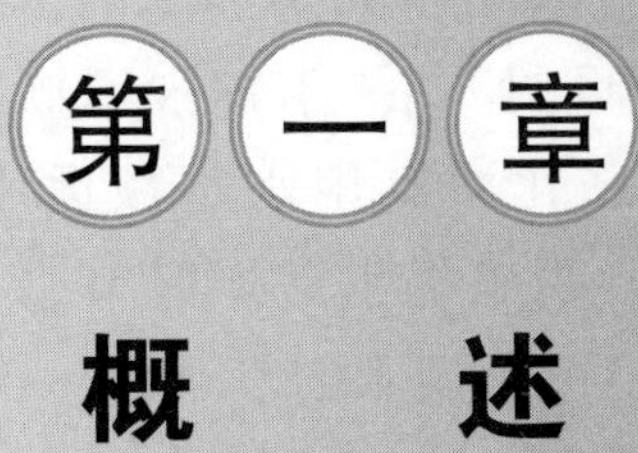

第一章 概述

第一节 目的与意义

用水定额是衡量各行业、各企业用水、节水水平的重要指标，是保证水资源的使用权从流域到区域，从区域到行业科学配置的技术依据，是强化节约用水、合理用水、提高水利用效率的重要保证。近年来，随着水安全问题上升到国家战略高度，用水定额管理与评估作为用水效率控制的主要内容之一不断强化。

用水定额管理是促进节约用水，保护水环境，促进产业结构调整，实现水资源合理利用和优化配置的一项极具重要的基础性工作，也是节水型社会建设的核心任务之一。2006 年《取水许可和水资源费征收管理条例》国务院令第 460 号明确要求“按照行业用水定额核定的用水量是取水许可量审批的主要依据”；2007 年水利部发布《关于进一步加强用水定额管理的通知》（水资源〔2007〕158 号）；2011 年中央一号文件要求加快制定区域、行业和用水产品的用水效率指标体系，加强用水定额和计划管理；2012 年国务院三号文件要求强化用水定额管理。各省（自治区、直辖市）人民政府要根据用水效率控制红线确定的目标，及时组织修订本行政区域各行业用水定额；2013 年水利部发布《关于严格用水定额管理》（水资源〔2013〕268 号），要求切实将用水定额管理作为严格水资源管理、不断提高用水效率和效益的重要依据，并要求各地和流域管理机构定期开展用水定额编制和评估工作；2014 年水利部办公厅发布《关于加强灌溉用水定额管理的指导意见》（办农水〔2014〕205 号），要求加强灌溉用水定额管理，及时修订完善灌溉用水定额，强化灌溉用水定额运用；2015 年国务院发布《水污染防治行动计划》，明确提出：抓好节水。开展节水诊断、水平衡测试、用水效率评估，严格用水定额管理。

用水定额是个动态指标，其制定、完善和实施也是一个动态过程。用水定额的制定需要与水资源条件、用水需求、节水和管理水平等相适应。定期开展用水定额评估，发现存在的不足与问题，并定期修订，使其与资源条件、社会经济及技术水平相协调，是保证用水定额先进性、合理性及科学性的重要手段。

第二节　主要编写内容

用水定额涵盖社会经济生产的方方面面，内容较广泛，一次性给予全面评价不太科学。近年来，我国工业保持高速增长，致使工业取水总量快速增长，工业废水污染、资源利用低效等问题突出。本书以工业、生活和服务业为评估对象，既可以抓住主要矛盾，又能起到示范和推动作用。

广西壮族自治区、广东省、海南省地处中国华南湿润地区，属珠江流域，水资源量丰沛，工业门类齐全、第三产业发达，但长期以来的用水习惯，产业结构布局短期内还难以改变，浪费水的行为，高耗水、高污染行业还普遍存在。目前，广西壮族自治区、广东省、海南省均已颁布了行业用水定额地方标准，但随着社会经济的快速发展，产业升级与技术进步，节约用水工作的不断推进和深入，各省（区）现行用水定额存在不完善、细化不够和定额标准与当前用水实际存在差距等一系列问题。本书选择修订海南省工业、生活和服务业用水定额、评估广西壮族自治区和广东省工业、生活和服务业用水定额，可为各省（区）工业、生活和服务业用水定额修订及后续工作开展提供一定的参考。

本书主要编写内容如下。

一、用水定额基本制度

首先阐述用水定额的基本概念，再从农业、工业、生活用水定额三方面讲述用水定额的体系构成，及国内外用水定额制定、管理及发展历程，最后提出目前我国用水定额管理存在的问题。

二、用水定额的编制

首先介绍用水定额的编制方法和资料收集过程，其次以修订《海南省工业及城市生活用水定额》（2015年）为例，阐述用水定额修订的方法及过程。

三、用水定额规范性评估

规范性评估首先介绍评估地区社会经济发展情况、水资源概况，其次讲述评估地区用水定额编制历程及特点，最后从发布形式是否符合规定、修订周期是否及时两方面进行规范性评估。

若最新版本的定额发布时间距今超过5年未组织修订，在规范性方面扣3分；最新版本的定额发布时间与上一版本定额发布时间间隔超过5年，扣1分；超过7年，扣3分；定额发布以文件或地标形式均需满足要求，否则扣3分。扣分在2分及以下为规范性较好；扣分在3～5分，为一般；扣分超过5分为规范性差。

四、用水定额覆盖性评估

(1) 工业用水定额覆盖性评估方法：①是否涵盖本省（区）统计年鉴中确定的主要用水工业行业；②按《国民经济行业分类与代码》(GB/T 4754—2011) 统计本省工业用水定额占国家标准的比例；③统计工业用水定额制定的产品产值占本省（区）工业总产值的比例；④是否涵盖《重点工业行业用水效率指南》中确定的八大高耗水行业，即火电、钢铁、纺织、造纸、石化、化工、食品、发酵等；⑤是否涵盖国家已发布取水定额标准的19个高用水行业。

(2) 生活和服务业用水定额覆盖性评估方法：①是否覆盖本省

(区)统计年鉴中确定的主要服务业类别;②是否涵盖服务业在《国民经济行业分类》(GB/T 4754—2011)中的15个产业部门;③主要高耗水服务业如学校、医院、洗浴以及洗车等是否已制定相应的用水定额标准;④生活用水定额是否区分城镇居民生活用水定额和农村居民生活用水定额。

以多种方法计算定额的覆盖率,以覆盖率最高值作为覆盖性的定量分析指标。拟定60%以下,覆盖性为差,60%~75%为一般,75%~90%为良,大于90%为优。

五、用水定额合理性评估

(1)工业用水定额合理性评估方法:①工业用水定额是否依据《国民经济行业分类与代码》(GB/T 4754—2011)的规定分别按照采矿业,制造业,电力、热力、燃气及水生产和供应业等三大门类进行制定,行业名称和代码是否与其保持一致。②是否结合省(区)内产业结构特点、经济发展水平制定。③是否按照生产工艺和生产规模分别制定定额标准;影响工业用水定额制定的因素复杂多样,如产品结构、生产工艺、生产设备、用水节水水平、生产规模等。这些因素对用水定额的制定影响较大,其中生产工艺和生产规模在定额制定中是可以量化的因素,为科学评估用水定额的合理性,在分析化工行业、火电行业以及常用有色金属冶炼等行业时,用水定额是否分别制定。④用水定额与现状用水水平的对比情况。

(2)生活和服务业用水定额合理性评估方法:①服务业用水定额是否依据《国民经济行业分类与代码》(GB/T 4754—2011)规定的行业划分制定;②是否结合省(区)内服务业结构特点、经济发展水平制定;③用水定额和现状用水水平的对比情况。

六、用水定额实用性评估

工业用水定额是否应用于工业用水管理;是否应用于水资源论证、取水许可审批、计划用水管理和考核及节水型企业创建等工作。生活和服务业用水定额是否应用于生活和服务业用水管理;是否按照用水定额下达取用水户年度用水计划；是否按照用水定额实施服务业阶梯式水价；是否参照用水定额开展节水型单位（学校、机关等）创建等工作。

七、用水定额先进性评估

评估用水定额在国内用水定额体系中的先进程度，按照严格、合理、宽松进行评价总结。有行业先进值的，与先进值比较，低于或等于先进值视为先进，否则为不先进；无行业先进值的，与国家标准或邻近省份比较，低于国家标准，且低于相似省（区）定额视为先进性好，制定的用水定额较严格，否则反之，在比较省份中定额值处于中间，视为合理，处于中间偏高视为制定的定额较宽松。

（1）工业用水定额先进性评估方法：①纵向比较分析，将本地区用水定额与取水定额国家标准相比较，分析省（区）用水定额标准的先进性，本次拟列举 19 项已出台的国家取水定额标准的行业产品作为评估 5 省（区）用水定额先进性的标准。②横向对比分析，与地理位置相近、气候条件、作物种类和农业种植灌溉技术条件等类似省份用水定额进行比较，分析省（区）用水定额标准的先进性。

（2）生活和服务业用水定额先进性评估方法：服务业用水定额先进性评估将主要针对服务业中的高耗水行业进行，如学校、医院、洗浴业及洗车业。根据《用水定额评估技术要求》，服务业用水定额先进性评估的方法是将本地区用水定额与服务业节水国家标准、国际先进水平和其他省（区）用水定额进行比较分析，未颁布国家标准的行业，通过横向对比分析。

第三节 编制原则及依据

一、编制原则

（1）立足实际，科学分析。用水定额评估是在分析评估地区的实际情况的基础上，评估该地区是否从当前经济社会发展阶段和水资源条件出发，确定用水定额标准；是否从水资源对当地经济社会发展约束考虑，科学有效地把用水定额应用于水资源管理。

（2）统筹兼顾，循序渐进，稳步实施。用水定额评估需要逐步推进。即评估工作应当由当地主要用水行业到各类用水的用水定额，循序渐进，稳步推进与深化。

（3）务求实效，不断完善。研究过程中及时总结工作经验，力求发现问题、解决问题。研究结论要有针对性，提出切实可行的用水定额修改和完善意见，并对用水定额管理存在的问题和不足提出改进措施。

（4）调研与资料收集相结合。由于各行业生产工艺、产品和生产规模的不同，定额分类较为复杂，涉及的企业繁多，全部开展实地调研难以实现。据此，采取实调、函调以及资料收集相结合的方式开展工作。

二、编制依据

（1）《中华人民共和国水法》（主席令第74号，2002年10月实施，2016年7月修订）。

（2）《取水许可和水资源费征收管理条例》（国务院令第460号，2006年4月15日实施）。

（3）《中共中央　国务院关于加快水利改革发展的决定》（中发〔2011〕1号，2010年12月31日）。

（4）《国务院关于实行最严格的水资源管理制度的意见》（国发〔2012〕3号，2012年2月15日）。

（5）《用水定额评估技术要求》（水利部水资源司，2015年）。

（6）《国民经济行业分类与代码》（GB/T 4754—2011）。

（7）《取水定额　第1部分：火力发电》（GB/T 18916.1—2012）。

（8）《取水定额　第2部分：钢铁联合企业》（GB/T 18916.2—2012）。

（9）《取水定额　第3部分：石油炼制》（GB/T 18916.3—2012）。

（10）《取水定额　第4部分：纺织染整产品》（GB/T 18916.4—2012）。

(11)《取水定额　第5部分：造纸产品》(GB/T 18916.5—2012)。

(12)《取水定额　第6部分：啤酒制造》(GB/T 18916.6—2012)。

(13)《取水定额　第7部分：酒精制造》(GB/T 18916.7—2014)。

(14)《取水定额　第8部分：合成氨》(GB/T 18916.8—2006)。

(15)《取水定额　第9部分：味精制造》(GB/T 18916.9—2014)。

(16)《取水定额　第10部分：医药产品》(GB/T 18916.10—2006)。

(17)《取水定额　第11部分：选煤》(GB/T 18916.11—2012)。

(18)《取水定额　第12部分：氧化铝生产》(GB/T 18916.12—2012)。

(19)《取水定额　第13部分：乙烯生产》(GB/T 18916.13—2012)。

(20)《取水定额　第14部分：毛纺织产品》(GB/T 18916.14—2014)。

(21)《取水定额　第15部分：白酒制造》(GB/T 18916.15—2014)。

(22)《取水定额　第16部分：电解铝生产》(GB/T 18916.16—2014)。

(23)《取水定额　第18部分：铜冶炼生产》(GB/T 18916.18—2015)。

(24)《取水定额　第19部分：铅冶炼生产》(GB/T 18916.19—2015)。

(25)《取水定额　第23部分：柠檬酸生产》(GB/T 18916.23—2015)。

(26)《节水型企业钢铁行业》(GB/T 26924—2011)。

(27)《节水型企业火力发电行业》(GB/T 26925—2011)。

(28)《节水型企业石油炼制行业》(GB/T 26926—2011)。

(29)《节水型企业造纸行业》(GB/T 26927—2011)。

(30)《重点工业行业用水效率指南》(中华人民共和国工业和信息化部、水利部、统计局、全国节约用水办公室，2013年)。

第二章 用水定额基本制度

第一节 用水定额基本概念

一、用水定额的概念

用水定额（water quota）根据《中国资源科学百科全书》的解释是指“单位时间内，单位产品、单位面积人均生活所需要的用水量”。

《用水定额编制技术导则》（GB/T 32716—2016）中对用水定额（norm of water intake）的定义是指“一定时期内用水户单位用水量的限定值。包括农业用水定额、工业用水定额、服务业及建筑业用水定额和生活用水定额”。

用水定额是随社会、科技进步和国民经济发展而逐渐变化的。如工业用水定额和农业用水定额因科技进步而逐渐降低，生活用水定额随社会的发展、文化水平的提高而逐渐提高。

用水定额一般分为工业用水定额、农业灌溉用水定额和居民生活用水定额三部分。

（1）工业用水定额。工业用水定额是指为提供单位数量的工业产品而规定的必要的用水量，也就是在工业生产中，每完成单位产品所需要的用水量，称为产品用水定额。产品指最终产品或初级产品，对某些行为或工艺（工序），可用单位原料加工量为核算单元。

（2）农业灌溉用水定额。农业灌溉用水定额指某一作物在单位面积上，各次灌水定额的总和，即在播种前以及全生育期内单位面积的总灌水量，通常以 m^3/hm^2 或 m^3/亩来表示。

（3）居民生活用水定额。居民生活用水定额包括居民在日常生活中每天消耗的水量，如饮用、洗涤、洗澡、冲厕所等家庭用水，还包括各种公共建筑用水和消防、浇洒道路绿地、环保等市政用水。在农村，还应包括大小牲畜用水量，又称人畜用水定额。因此，城市和农村居民应规定一个合理的生活用水定额，单位为L/(人·d)。

二、用水定额管理

用水定额管理是指利用定额来合理安排和使用人力、物力、财力的一种管理方法。定额是在一定的生产技术条件下和一定时间内，对物质资料生产过程中的人力、物力消耗所规定的限量，是规定的数额，是一种形式的数量标准。

定额管理是以取水定额编制为核心，以社会统计学、信息科学、管理科学、资源科学的相关理论与方法为支撑，以法律、行政、经济、技术、教育为实施手段，以用水统计管理、节水管理、取水计划管理为主要内容的综合管理过程。

用水定额管理的原理如图 2.1-1 所示。

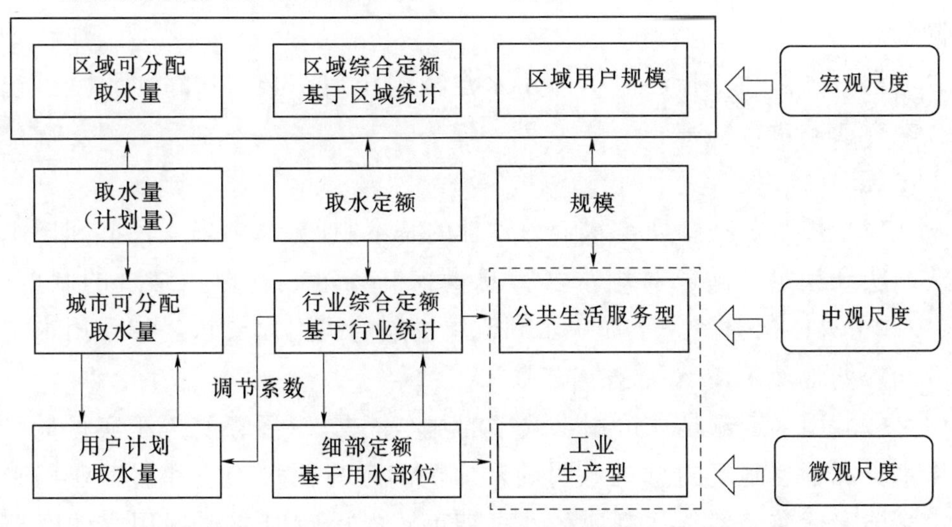

图 2.1-1 用水定额管理的原理

第二节 用水定额体系

一、用水定额的特点及作用

用水定额是用水管理的一项重要指标，是用水是否合理的重要标准。对于用水定额的定义，目前并没有一个统一的标准。从政府管理者的角度对用水定额进行定义，强调用水定额是一种用水单位或居民必须遵守的“用水数量的标准”，较简单直白，也指明了用水定额的本质作用，即“为政府的用水管理服务”。具体表现为4个特征和2个作用。

（一）特征

用水定额具备确定性、动态性、差异性和强制性4个特征。

（1）确定性是指一定时期，相同限制条件下，用水定额应该是一个明确的限额，是一个固定值。

（2）动态性是指随着经济社会发展和技术进步，用水定额是动态变化的，需要不断修订。

（3）差异性是指对于不同地区，相同用途用水的定额可能是不同的。

（4）强制性是指法律明确用水定额确定后，必须执行，不是可选择执行或不执行。

（二）作用

（1）用水定额管理是水资源管理的基本制度。《中华人民共和国水法》明确规定，国家对用水实行总量控制和定额管理相结合的制度。《中共中央　国务院关于加快水利改革发展的决定》要求，加强用水定额和计划管理。

（2）用水定额是评价用水效率的基本依据。《国务院关于实行最严格水资源管理制度的意见》明确，加快制定高耗水工业和服务业用水定额国家标准。各省（自治区、直辖市）人民政府要根据用水效率控制红线确定的目标，及时组织修订本行政区域内各行业用水定额。

二、用水定额体系

我国标准化工作实行统计管理与分工负责相结合的管理体制，按照国务院授权，在国家质量监督检验检疫总局的管理下，国家标准化管理委员会统一管理全国标准化工作。国务院有关行政主管部门和国务院授权的有关行业协会分工管理本部门、本行业的标准化工作。

用水定额水行政管理体系见图 2.2－1，用水定额政策体系见图 2.2－2，用水定额标准体系见图 2.2－3。

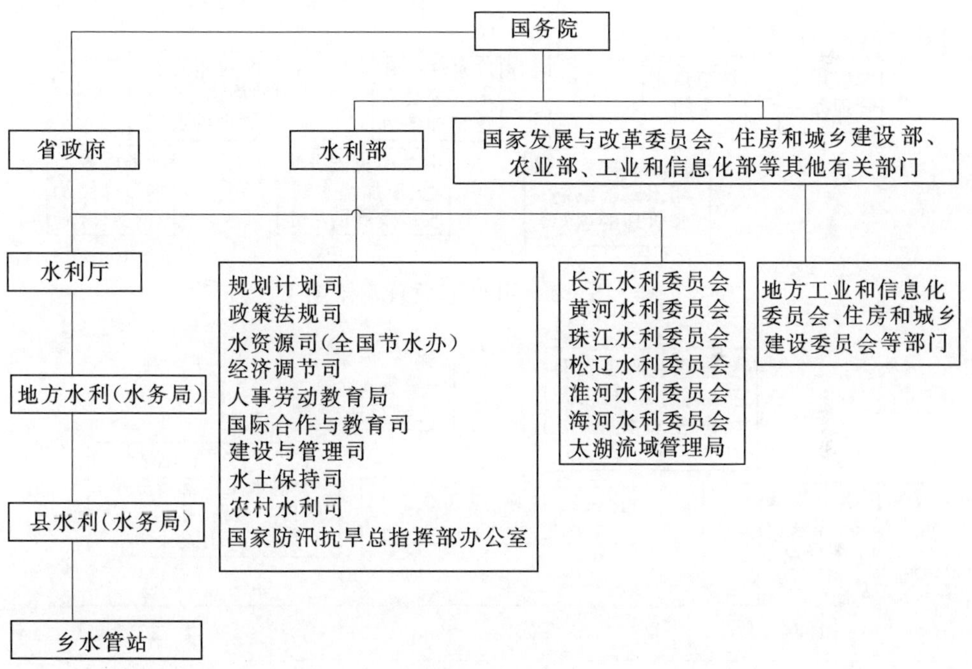

图 2.2－1　用水定额水行政管理体系图

三、用水定额分类

(一) 体系分类

按用水水量性质划分，用水定额可以分为取水量定额、用水量定额、耗水量定额和排水量定额。

按工业产品形态划分，用水定额可分为产品用水定额、半产品用水定额、原料产品用水定额。

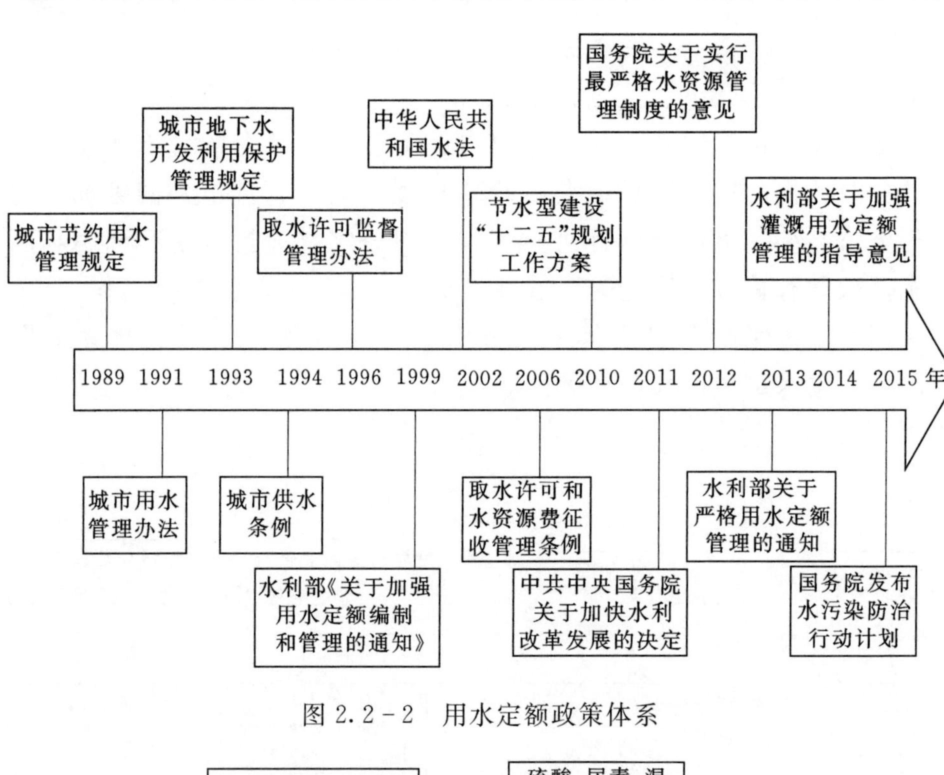

图 2.2-2　用水定额政策体系

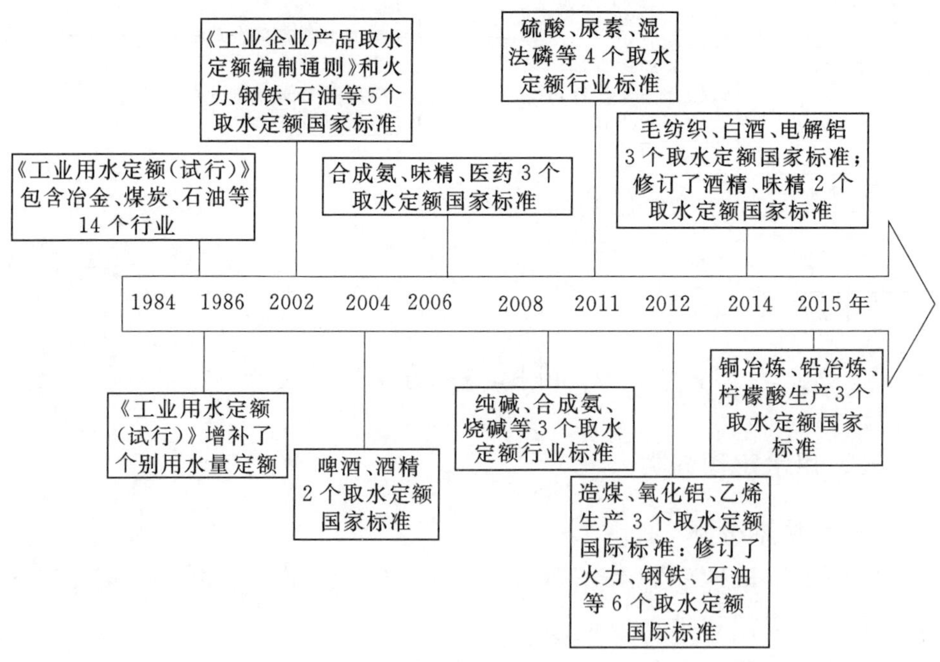

图 2.2-3　用水定额标准体系

按生产单位划分，用水定额可分为工序用水定额、设备用水定额和车间用水定额。

按定额本身的用途划分，用水定额可以分为规划用水定额、设计用水定额、管理用水定额和计划用水定额。

（二）按用水主体分类

习惯上按用水主体划分为农业用水定额、工业用水定额和生活用水定额3大类。但由于工业发展主要集中于城市，因此，实际工作中又将工业用水定额和城镇生活用水定额统称为城市用水定额。

目前，各大类现存的定额形式多种多样，具体见图2.2-4。

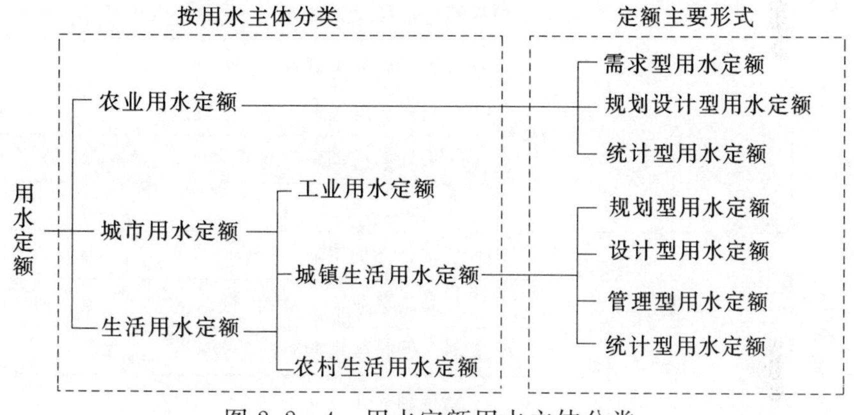

图2.2-4　用水定额用水主体分类

（三）《国民经济行业分类》对用水定额行业的分类

《国民经济行业分类》（GB/T 4754—2011）于1984年首次发布，分别于1994年和2002年进行修订，2011年第三次修订。该标准由国家统计局起草，国家质量监督检验检疫总局、国家标准化管理委员会批准发布，于2011年11月1日实施。

该标准共分为20个门类98个大类，其中农业1个门类5项大类，工业3个门类41项大类，服务业15个门类46项大类。具体名称见表2.2-1。

（四）《全国水资源综合规划技术细则》对用水的分类

《全国水资源综合规划技术细则》（水利部水利水电规划设计总院，2003）中，按用户特性分为农业用水、工业用水和生活用水三大类，并按城（镇）乡分别统计。具体内容见表2.2-2。

表 2.2-1　　用水定额行业分类

行业	门　类	大　类
农业	A　农业、林业、牧业、渔业	01 农业
		02 林业
		03 畜牧业
		04 渔业
		05 农业、林业、牧业、渔业
工业	B　采矿业	06 煤炭开采和细选业
		07 石油和天然气开采业
		08 黑色金属矿采选业
		09 有色金属矿采选业
		10 非金属矿采选业
		11 开采辅助活动
		12 其他采矿业
	C　制造业	13 农副食品加工业
		14 食品制造业
		15 酒、饮料和精制茶制造业
		16 烟草制品业
		17 纺织业
		18 纺织服装、服饰业
		19 皮革、毛皮、羽毛及其制品和制鞋业
		20 木材加工和木、竹、藤、棕、草制品业
		21 家具制造业
		22 造纸和纸制品业
		23 印刷和记录媒介复制业
		24 文教、工美、体育和娱乐用品制造业
		25 石油加工、炼焦和核燃料加工业
		26 化学原料和化学制品制造业
		27 医药制造业
		28 化学纤维制造业

续表

行业	门 类	大 类
工业	C 制造业	29 橡胶和塑料制品业
		30 非金属矿物制品业
		31 黑色金属冶炼和压延加工业
		32 有色金属冶炼和压延加工业
		33 金属制品业
		34 通用设备制造业
		35 专用设备制造业
		36 汽车制造业
		37 铁路、船舶、航空航天和其他运输设备制造业
		38 电气机械和器材制造业
		39 计算机、通信和其他电子设备制造业
		40 仪器仪表制造业
		41 其他制造业
		42 废弃资源综合利用业
		43 金属制品、机械和设备修理业
	D 电力、热力、燃气及水生产和供应业	44 电力、热力生产和供应业
		45 燃气生产和供应业
		46 水的生产和供应业
服务业	F 批发和零售业	51 批发业
		52 零售业
	G 交通运输、仓储和邮政业	53 铁路运输业
		54 道路运输业
		55 水上运输业
		56 航空运输业
		57 管道运输业
		58 装卸搬运和运输代理业
		59 仓储业
		60 邮政业

续表

行业	门　类	大　类
服务业	H 住宿和餐饮业	61 住宿业
		62 餐饮业
	I 信息传输、软件和信息技术服务业	63 电信、广播电视和卫星传输服务
		64 互联网和相关服务
		65 软件和信息技术服务业
	J 金融业	66 货币金融服务
		67 资本市场服务
		68 保险业
		69 其他金融业
	K 房地产业	70 房地产业
	L 租赁和商务服务业	71 租赁业
		72 商务服务业
	M 科学研究和技术服务业	73 研究和试验发展
		74 专业技术服务业
		75 科技推广和应用服务业
	N 水利、环境和公共设施管理业	76 水利管理业
		77 生态保护和环境治理业
		78 公共设施管理业
	O 居民服务、修理和其他服务业	79 居民服务业
		80 机动车、电子产品和日用产品修理业
		81 其他服务业
	P 教育	82 教育
	Q 卫生和社会工作	83 卫生
		84 社会工作
	R 文化、体育和娱乐业	85 新闻和出版
		86 广播、电视、电影和影视录音制作业
		87 文化艺术业
		88 体育

续表

行业	门　　类	大　　类
服务业	R 文化、体育和娱乐业	89 娱乐业
	S 公共管理、社会保障和社会组织	90 中国共产党机关
		91 国家机构
		92 人民政协、民主党派
		93 社会保障
		94 群众团体、社会团体和其他成员组织
		95 基层群众自治组织
	T 国际组织	96 国际组织

表 2.2-2　　　　按用户特性划分的用水类别

农业用水	农田灌溉用水	按水田、水浇地（旱田）和菜田分别统计
	林业、牧业、渔业用水	按林果地灌溉（含果树、苗圃、经济林等）、草场灌溉（含人工草场和饲料基地等）和鱼塘补水分别统计
工业用水	一般工业用水	按用水量（新鲜水量）计，不包括企业内部的重复利用水量。对于有计量设备的工矿企业，以实测水量作为统计依据，没有计量资料的根据产值和实际毛取水定额估算用水量
	火（核）电工业用水	
	城镇工业用水	
生活用水	城镇生活用水	由居民用水、公共用水（含服务业、商饮业、货运邮电业及建筑业等用水）和环境用水（含绿化用水和河湖补水）组成
	农村生活用水	除居民生活用水外，还包括牲畜用水

四、农业、工业、生活用水定额分类

（一）农业用水定额分类

农业用水定额包括作物灌溉用水定额、畜禽养殖业用水定额（图2.2-5）。由于农业总用水量中约90%以上为灌溉用水量，所以对作物灌溉用水定额的研究较多，资料也较丰富。有的省（区）农业用水定额也包括农村生活用水定额、鱼塘补水用水定额等，如天津市的农业用水定额。

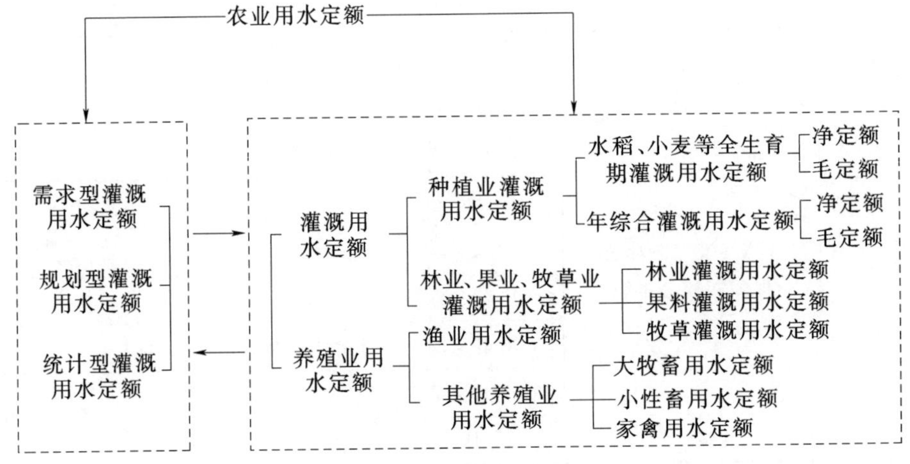

图 2.2-5　农业用水定额分类图

灌溉用水定额通常由各有关部门分头编制。由于各部门编制的目标、分析计算方法和采用的资料不一致，所编制出来的灌溉用水定额存在很大差异，基本上已形成 3 种不同内涵的灌溉用水定额成果：需求型灌溉用水定额、规划性灌溉用水定额、统计型灌溉用水定额。

灌溉用水定额经历了 20 世纪 80 年代初的全国 3 个灌溉地带主要作物需求型灌溉用水净定额、90 年代编制的中国主要作物需水量和各类主要作物的常规灌溉制度和经济灌溉制度、90 年代中后期由海河流域率先推出的主要作物节水型灌溉用水净定额 3 个阶段。

（二）工业用水定额分类

工业用水定额是一个统称，对其可以从 4 个方面进行划分：

（1）从用水水量性质上划分：分为取水定额、用水定额、耗水定额和排水定额。

（2）从工业产品形态上划分：分为产品用水定额、半成品用水定额和原料产品用水定额。

（3）从生产单元考虑：分为工序用水定额、设备用水定额和车间用水定额。

（4）从定额本身的用途来划分：分为规划用水定额、设计用水定额、管理用水定额和计划用水定额。

尽管定额的种类很多，但它们的实质是相同的，都是产品生产过程中用水多少的衡量标准，反映的都是生产和用水之间的关系。

（三）生活用水定额分类

生活用水包括城市生活用水和农村生活用水两大类，其中城市生活用水可分为3类。

（1）城镇居民生活用水：指维持居民日常生活的家庭和个人用水，包括饮用、烹调、洗涤、卫生等室内用水和洗车、绿化等室外用水。

（2）城镇公共用水：指城镇公共设施和公共建筑用水，包括商业、餐饮业、美容美发业、沐浴业、洗染业、医院、学校、游泳池、洗车业、电影院、歌舞厅、旅馆业、机关办公楼、商贸写字楼等公共设施与公共建筑用水。

（3）市政、园林、河湖环境用水，原归属在公共用水中，近年来随着环境建设的改善，用水量逐渐增加，逐步从公共用水中分离出来。农村生活用水包括农村居民用水和牲畜用水。

第三节 我国用水定额制定情况

水资源是人类生活中必不可少的资源，是国家战略性资源，与人类生存和社会经济发展息息相关。我国目前人均水资源量约为2200m^3，与世界人均水资源量相比，仅为其1/4。水资源短缺问题已经成为限制地区经济社会发展的瓶颈。日益增加的人口总量使得我国的人均资源占有量进一步减小，到2030年，我国人均水资源占有量将不到1800m^3，水资源短缺问题将更加严重。

因此，对用水量实行定额管理将是水资源综合利用的必然发展趋势。1949年至20世纪70年代，由于水资源本身具有的循环特性及当时水资源还未出现紧缺的局面，水资源没有被作为主要的国民经济核算指标。20世纪70年代后期，我国北方地区出现水资源紧缺，人们才开始关注水资源的合理利用和节约用水工作，虽然在短期内建立取水、用水标准化体系比较困难，但是节水管理的规范化和科学化已为有关部门所认识，定额管理开始得到重视。我国从20世纪70年代开始逐步实施用水定额管理，首先将研究领域集中在城市工业用水。

20 世纪 80 年代初期，我国北方部分城市在节水领域引进定额管理理念，且随着工业生产的迅速发展，计划用水、节约用水成为缓解城市工业用水短缺的重要措施。相比其他的产业管理标准化工作，我国用水定额制定工作起步较晚。1984 年，国家经济贸易委员会和原城乡建设环境保护部门共同发布了《工业用水定额（试行）》。但该试行定额主要用于城市规划和新建、扩建工业项目初步设计的依据，难以作为考核工矿企业用水量的标准。1986—1998 年，人民生活条件的改善、生活水平的提高使得城市公共生活用水量比重逐年上升；工业用水的快速增长使工业节水更为紧迫。随着工业生产技术水平的提高和生产工艺的改进，高用水行业实际的单位产品取水量已远低于原定额的标准，原定额已起不到促进节水的作用。先期的部分行业用水定额的制定和试行工作为用水、用水定额理论和管理积累了丰富的工作经验，并总结归纳出了相应的程序和方法，同时也为该领域留下了继续深入尝试、摸索、研究的空间。1999 年，水利部发布了《关于加强用水定额编制和管理的通知》，第一次全面、系统地在全国范围内部部署各行业用水定额编制和管理工作。2002 年颁布实施的《中华人民共和国水法》正式确定了用水定额管理的法律地位，将总量控制和定额管理确定为水资源管理的基本制度，并明确规定：规范用水定额编制，加强定额监督管理，是各级水行政主管部门的重要职责，是提高用水效率、促进产业结构调整的重要手段。同年，为解决各行业用水定额或用水定额标准的编制过程中出现术语不规范、边界不统一、指标不协调、计算方法不一致、编制程序各异等问题，国家发布了《工业企业产品取水定额编制通则》，并相继编制发布了火力发电、钢铁、石油炼制、棉印染、造纸等 10 个高用水行业的取水定额国家标准。全国各省（区）陆续颁布制定省（区）内各行业用水定额标准。截止到 2016 年，国家相继制定了 19 项高耗水行业的国家取水定额标准。迄今为止，全国有 30 个省（直辖市、自治区）已经全部出台了省级用水定额，并进行了多次修订。

国内对用水定额的研究也相对较多，佘昊峰结合国内外资料，分析我国现状用水定额体系中存在的问题，对定额制定方法提出了实验性的新思路，提出了新的定额体系和定额制定方法；王甜甜分别用类比系数调整法和指标群半结构性识别法确定产品的用水定额，并将两种方法综合整理得出最终结果，制定出符合大连市取用水水平的行业用水定额，试图解决大连市相对滞后的用水定额与节水水平提高的矛盾；冉连起提出用水定额是已经形成的标准体系，有些定额已沿用多年，调整这一体系会遇到很多困难，其中不仅涉及思路和观念的转变，技术路线的变革，还会涉及管理标准和管理体系的重新确立；周广安认为通过建立动态用水定额数学模型，最后以曲线方程的形式表示企业产品用水定额，解决了企业产品结构、生产规模、用水水平和季节变化等因素对用水定额的影响的问题；赵博等人基于层次分析法建立“行业用水定额”应用评价指标体系，该体系分目标层、主准则层、次准则层 3 层，共有 23 项量化评价指标。应用模糊综合评判法构建“行业用水定额”应用评价模型，并给出了具体评判过程。张象明等人从松辽流域视角出发，对辽宁、吉林、黑龙江、内蒙古四省（自治区）的工业产品定额进行分析，确定了工业产品的推荐用水定额；在分析基准年工业行业用水水平的基础上，采用不同方法对各水平年的需水定额进行了预测，给出了工业用水定额指标体系。

第四节 用水定额管理现状及存在的问题

一、国内外用水定额管理现状

在国外针对水资源短缺问题，许多国家多采用以水权管理制度为主要手段，用水配额为管理指标、水价调节为辅助手段来进行水资源的利用与管理。大多数国家是将用水定额作为用水考核的参考标准，用水定额制度的指导思想是促进节水，即根据水资源丰裕程度调节行业用水分配及控制污水排放。

水资源管理先进的以色列，于 20 世纪 70 年代开始实行水资源开发许可证制度和用水配额制度，在水资源管理中，实行用水许可证、配额制及鼓励节水的有偿配水制度。国外大多数国家的用水定额标准多用于用水配额和考核工业用水定额修订理论的研究依据。如美国、英国、日本等国家均通过建立水权市场制度，实行水资源有偿使用和转让制度，从而优化配置水资源，利用价格因素促进节水，提高工业水资源的利用效率。近年来，针对水资源管理，国外一些发达工业国家还从单一的节水技术服务逐步向以节水为目标的综合用水审计监督转变，对限额管理提出了更高的要求。用水审计就是对用水户生活、商业和工业用水的核算，经常用来确认减少水资源消耗，节约和提高效率的潜在领域，其中系统用水审计是指对供用水系统水资源的生产、输送、配置的核算。综合用水审计能给出供配水系统和用水户一个详细的说明，促进水资源有效管理提高供水保证率，总体来看国外侧重于对用水限额管理。

为促进我国用水定额的编制，水利部于1999年就发布了《关于加强用水定额编制和管理的通知》文件，截至2016年，国家已发布取水定额标准25个，其中高用水或高污染重点工业行业有19个，分别为火力发电、钢铁联合企业、石油石化行业中的石油炼制和乙烯生产，化工行业的合成氨，纺织行业的纺织染整产品和毛纺织产品，造纸产品，食品行业的啤酒制造、酒精制造、味精制造以及白酒制造、医药产品、选煤、有色金属矿采选业中的氧化铝生产和电解铝生产，常用有色金属中的铜冶炼和铅冶炼及堆积型铝土矿生产。我国目前已制定的取水定额国家标准统计见表2.4－1。

表2.4－1　　取水定额国家标准统计表

行业名称	已发布定额	已报批定额	修订中定额	拟制修订定额
电力	火力发电		核电	
钢铁	钢铁联合企业		炼焦、烧结球团、铁矿选矿	高炉炼铁、转炉炼钢、电炉炼钢、热轧、冷轧
纺织	纺织染整、毛纺织	丝绸、长丝制造	麻纺织、粘胶纤维	水刺非织造布、涤纶、氨纶、再生聚酯、锦纶、维纶、纺织染整（拟修）、毛纺织（拟修）

续表

行业名称	已发布定额	已报批定额	修订中定额	拟制修订定额
造纸	造纸产品			
石油和化工	石油炼制、乙烯、合成氨		纯碱、聚氯乙烯、硫酸、煤间接液化、煤直接液化、煤制甲醇、煤制天然气、煤制乙二醇、尿素、烧碱、湿法磷酸、合成氨（修订）	钛白粉、有机硅、精对苯二甲酸、对二甲苯、醋酸乙烯、聚乙烯醇、硅胶
食品和发酵	啤酒、味精、酒精、白酒、柠檬酸	淀粉糖		赖氨酸、酵母、木糖、罐头、制糖、乳制品、饮料
有色金属	氧化铝、电解铝、铜冶炼、铅冶炼	堆积型铝土矿		稀土矿、铜选矿、铅锌选矿、锡选矿、镍选矿、锡冶炼、锌冶炼、多晶硅
煤炭	选煤			
其他	医药		船舶	

全国有 30 个省（自治区、直辖市）中，天津市、湖北省等 9 个省（直辖市）定额发布早丁 2010 年，北京市、河北省等 20 个省（直辖市）定额发布形式为地方标准，山西省、江苏省等 10 个省定额发布形式为文件，北京市、湖南省用水定额部分条款为强制性条文。

各省级行政区用水定额制定情况统计见表 2.4－2。

表 2.4－2　各省级行政区用水定额制定情况统计表

序号	省级行政区	发布日期	发布形式
1	北京市	2010－12－28 公共生活取水定额　第 1 部分：编制通则	地标
		2008－07－24 公共生活取水定额　第 2 部分：学校	
		2008－07－24 公共生活取水定额　第 3 部分：饭店	
		2008－07－24 公共生活取水定额　第 4 部分：医院	
		2010－12－28 公共生活取水定额　第 5 部分：机关	
		2010－12－28 公共生活取水定额　第 6 部分：写字楼	
		2012－05－07 公共生活取水定额　第 7 部分：洗车	

续表

序号	省级行政区	发布日期	发布形式
2	天津市	2003－09－03 城市生活用水定额、农业用水定额、工业产品取水定额	地标
3	河北省	2009－11－03 河北省用水定额	地标
4	山西省	2008－01－02 山西省用水定额	文件
5	内蒙古自治区	2009－12－31 内蒙古自治区行业用水定额标准	地标
6	辽宁省	2008－12－05 辽宁省行业用水定额	地标
7	吉林省	2014－09－30 吉林省用水定额	地标
8	黑龙江省	2010－04－26 黑龙江省用水定额	地标
9	上海市	2010－03－17 主要工业产品用水定额及其计算方法　第1部分：火力发电	地标
		2010－03－17 主要工业产品用水定额及其计算方法　第2部分：电子芯片	
		2010－03－17 主要工业产品用水定额及其计算方法　第3部分：饮料	
		2010－03－17 主要工业产品用水定额及其计算方法　第4部分：钢铁联合	
		2010－03－17 主要工业产品用水定额及其计算方法　第5部分：汽车	
		2010－03－17 主要工业产品用水定额及其计算方法　第6部分：棉印染	
		2010－03－17 主要工业产品用水定额及其计算方法　第7部分：石油炼制	
		2010－03－17 主要工业产品用水定额及其计算方法　第8部分：造纸	
		2011－10－21 主要工业产品用水定额及其计算方法　第9部分：化工（轮胎、烧碱）	地标
		2011－10－21 主要工业产品用水定额及其计算方法　第10部分：食品行业	
		2011－10－21 主要工业产品用水定额及其计算方法　第11部分：电气行业	
		2011－10－21 主要工业产品用水定额及其计算方法　第12部分：建材行业	
		2011－10－21 商业办公楼宇用水定额及其计算方法	
		2012－12－26 城市公共用水定额及其计算方法	

续表

序号	省级行政区	发布日期	发布形式
10	江苏省	2015-07-13 江苏省工业、服务业和生活用水定额（2014 年修订）	文件
		2015-02-05 江苏省灌溉用水定额	
11	浙江省	2009-11-25 农业用水定额	地标
		2004-08-09 浙江省用水定额试行	文件
12	安徽省	2014-08-28 安徽省行业用水定额	地标
13	福建省	2013-08-01 福建省地方标准行业用水定额	地标
14	江西省	2011-07-06 工业企业主要产品用水定额、城市生活用水定额	地标
15	山东省	2010-06-25 山东省农业灌溉用水定额、山东省工业用水定额	地标
16	河南省	2014-09-30 河南省用水定额	地标
17	湖北省	2003-08—20 湖北省用水定额	文件
18	湖南省	2014-08-12 湖南省用水定额	地标
19	广东省	2014-11-10 广东省用水定额	地标
20	广西壮族自治区	2012-02-25 农业、林业、牧业、渔业及农村居民生活用水定额	地标
		2010-07-29 工业行业主要产品用水定额	
		2010-07-29 城镇生活用水定额	
21	海南省	2015-11—20 海南省工业及城市生活用水定额	文件
22	重庆市	2011-10-28 关于印发重庆市第一批工业产品用水定额（2011 年修订版）的通知	文件
		2006-02-28 关于印发重庆市第二批主要工业产品用水定额的通知	
		2006-07-24 关于印发重庆市城市经营生活用水定额（试行）的通知	
		2006-10-30 关于印发重庆市城市农业用水定额（试行）的通知	
23	四川省	2010-02-08 四川省用水定额	文件
24	贵州省	2011-08-11 贵州省行业用水定额	地标

续表

序号	省级行政区	发布日期	发布形式
25	云南省	2013-09-30 云南省用水定额	地标
26	陕西省	2014-12-16 陕西省行业用水定额	地标
27	甘肃省	2011-06 甘肃省行业用水定额	文件
28	青海省	2009-04-10 青海省用水定额	文件
29	宁夏回族自治区	2014-08-19 宁夏工业和城市生活用水定额	文件
30	新疆维吾尔自治区	2014-03-19 农业灌溉用水定额	地标
		2007-06-06 工业和生活用水定额	文件

分析各地区用水定额的特点，可以发现如下情况。

(1) 各地区出台的用水定额形式不尽相同。有的地区按行业分类进行发布。如天津市将用水定额分成工业、农业和生活三类：有的地区则是将用水定额分成两个行业进行发布，如山东省、江西省；而更多地区是将各类行业汇成一个总体的用水定额进行发布的。

(2) 各地区发布用水定额的单位也不尽相同。山西省是唯一由省政府办公厅发布的，其他有的地区是由单个管理部门单独发布的，如河南省由水利厅发布；有的地区是由多个管理部门联合发布，如海南省是由海南省水务厅、海南省发展和改革委员会、海南省工业和信息化厅联合发布。

(3) 用水定额修订情况不同。有的地区在颁发用水定额以后，再也没有进行过修订，如北京市；而有的地区则根据地区经济发展情况，多次对用水定额进行修编，如上海市：2001 年出台《上海市用水定额(试行)》管理办法，开始由原先的计划用水管理向计划与定额双轨管理转变；自 2004 年起开始修订，并于 2007 年公布《上海市用水定额修编（一)》（学校、医院、旅馆)，2008 年公布《上海市用水定额修编（二)》（火力发电、电子和饮料行业)，2009 年公布《上海市用水定额修编（三)》(钢铁、汽车制造、石油炼制、造纸和棉印染行业)，2010 年公布《上海市用水定额修编（四)》(化工、食品、电气、建材和商务办公楼宇行业)，其中《上海市用水定额修编（五)》正在审核当中。

二、用水定额管理存在的问题

2002 年我国开始实行用水总量控制和定额管理结合的水资源管理制度，全国各省（区）先后制定了各区域的用水定额，已成为水行政主管部门开展水资源配置、节约、保护工作的重要依据。用水定额研究工作起步较晚，经过不断地探索，目前在用水定额制定、用水定额管理、用水定额修订 3 个方面初步取得了一些研究成果。目前用水定额管理主要存在以下几个方面的问题。

（一）用水定额标准不完善

管理人员认为是法律法规要编制定额，实际管理中知道怎么用，但思想认识上却认为没有用处。主要原因是，不认真思考，有困难不想去解决，推卸责任。法律法规规定了编制定额，运用定额，但怎么用怎么管，需要管理人员在实践中总结、完善、提高。要想办法把明确的定额管理制度建好、用好、用足、管好，不能走极端。

用水定额管理是针对主要用水产品和服务，不是针对全部用水产品和服务。太多了，不可能全部制定定额，全部用定额的方式来管理，成本太高。要考虑行政执行的成本，要对高耗水产品和服务实行定额管理。

国家根据全国水资源情况和用水行业情况，制定高耗水工业和服务业取水定额国家标准。各地根据当地水资源情况和用水行业情况，制定农业主要作物的定额和耗水量相对较高的工业和服务业地方定额标准。

（二）用水定额编制不规范

各地区用水定额编制质量参差不齐，主要术语不规范、指标不明确，主要表现在：

（1）产品名称不统一：如钢铁：粗钢、特种钢、普钢，名称各异。

（2）产品单位不统一：如火电，有以 30 万 kW 为界划分，有以 30 万 kW、60 万 kW 为界划分，有以 50 万 kW 为界划分的：如学校，有以大学、大专划分的，有以住宿、不住宿划分的，有以普通高等、普通中等划分的：如啤酒单位有升、千升、吨等。

（3）生产规模划分不统一：如火电，有以开式、闭式划分的，有以循环冷却、直流冷却、空气冷却划分的，有以湿冷、空冷划分的。如氧化铝生产，有拜尔法、烧结法、联合法。

（4）生产用水工艺名称不统一：各种工艺用水差别很大，很多省份不写工艺。

（5）生产用水界限不明确：生产用水界限，是指生产产品从哪个过程开始用水，到哪个过程结束，有的产品工序很长，必须要注明。如钢铁，有原料开采、烧结、球团、焦化、炼铁、炼钢、轧钢、金属制品等，不注明不知道从哪里开始生产的。

（6）数值不确定：数值不确定，有的省采用调节系数，不是确定的值，人为因素太多。

（三）用水定额覆盖不够全面，修订不及时

（1）用水定额覆盖不够全面，部分产品用水无定额可参考，如行政管理部门审批遇到的部分有色金属采掘就没有定额可供参考，珠江三角洲大量的码头用水没有定额供参考等。

（2）用水定额不够先进。部分产品用水定额没有及时修订，没有紧跟生产工艺的发展，给企业留的空间大，不足以衡量企业的用水水平。

（3）修订不及时。原则上 5 年一个周期，不要一次性全部修订，工作量太大，一次修订一部分产品和服务，逐步修订，累积推进。发布后一个月备案，正式行文。对省（区）内的主要农作物、主要工业产品、主要服务业部门、生活领域，必须制定定额。对一些用水量极少的产品不要制定，如门锁、挂面行业等，集中精力制定好高耗水产品和服务的定额。省级用水定额要严于国家定额标准，缺定额的各省按实际情况制定，要从严从紧。

（四）用水定额差异大，区域间不平衡

各地在编制定额过程中因生活习惯等差异，导致处于相同类型地区不同省（区）的用水定额不同，甚至差异较大。在进行流域规划或者水量分配工作时，会出现因定额不同导致的用水量差异，协调难度大。

（五）计量设施不完备、水价机制不健全，一定程度上阻碍了用水定额的应用

珠江流域水量较为丰富，浪费水的行为，高耗水、高污染行业还普遍存在，用水计量覆盖率低，导致无法准确掌握企业的用水情况，用水定额的实际控制不能到位。此外，还存在着许多无偿供水的水利设施，实际用水不能实现定额管理，这个问题在农业灌溉中较突出。各地水资源费的征收标准偏低，征收范围不全，普遍未形成合理的水价形成机制，导致对用水浪费的约束不足，一定程度上阻碍了用水定额的应用。

（六）执行有待严格

计划用水指标下达不依据用水定额。国务院令第 460 号 16 条明确规定，按照行业用水定额核定的用水量是取水量审批的主要依据。相当一些地方计划用水管理，甚至法规中明确，计划用水指标按照前三年或前一年用水情况平均或加权平均来计算。

总体而言，用水定额制定和用水定额管理研究较多而定额评估修订的研究还处于起步阶段，相关文献较少，且大多数论述只是概括性的简要阐明，对定额修订的方式、方法、程序等均缺乏深层次的研究。较少涉及对行业用水定额覆盖性、先进性、实用性等情况进行评价，缺乏系统的各行业用水定额评价体系。

第三章

用水定额的编制

第一节 用水定额编制方法

一、基本概念

为了让读者了解用水定额，本次将介绍用水量及各行业用水定额的概念。

(1) 用水量。用水户的取水量。包括从公共供水工程取水（含再生水、海水淡化水），自取地表水（含雨水集蓄利用）、地下水，市场购得的水产品等，不包括重复利用水量。农业用水包含斗口（或井口）以下输水损失。取自供水工程的工业和生活用水不包含供水工程的输水损失。

(2) 再生水。污水处理厂深度处理后，达到一定水质指标，满足使用要求的水。

(3) 工业用水量。工业企业的主要生产用水量、辅助生产用水量和附属生产用水量之和。不包含供给外部的水量。工业基本建设和技改、科研用水归类于辅助生产用水。

(4) 用水定额。一定时期内用水户单位用水量的限定值。

(5) 农业用水定额。一定时期内按相应核算单元确定的各类农业单位用水的限定值。包括农田灌溉用水定额，蔬菜、林果地和牧草地灌溉用水定额，渔业用水定额和牲畜用水定额。

(6) 渔业用水定额。核算单元内单位养殖水面一年内维持适宜水深补水所需水量的限定值。

(7) 牲畜用水定额。某类牲畜每日每头（只）平均饮用和清洁卫生用水量的限定值。

(8) 工业用水定额。一定时期内工业企业生产单位产品或创造单位产值的取水量限定值。

(9) 服务业用水定额。一定时期内服务单位单个用水人员或者单个服务设施、单位服务面积、单个服务对象等单位时间用水量的限定值。

(10) 建筑业用水定额。一定时期内建成单位建筑面积的用水量的限定值。

(11) 城镇居民生活用水定额。城镇居民家庭生活每人每日合理用水量的限定值。

(12) 农村居民生活用水定额。农村居民家庭生活每人每日合理用水量的限定值。

二、编制程序

(1) 首先根据《用水定额编制技术导则》(GB/T 32716—2016) 编制《用水定额地方标准编制工作大纲》，确定工作思路和调研计划，并邀请相关专家对工作大纲技术细节提供指导和帮助，并按照意见修改大纲。

(2) 发文。以各省（区）水利（务）厅的名义向各省（区）工业和信息化厅、统计局、发改委、地级市水利部门等发调研函，收集各行各业高耗水企业用水资料。

(3) 对收集的资料进行分类、筛选、汇总，分析计算。

(4) 拟定农业、工业、服务业、建筑业及生活用水定额。

(5) 编制《用水定额地方标准编制项目（初稿）》报告、《地方用水定额编制说明（初稿）》及《地方用水定额地标（初稿）》，报送地方质量技术监督局和水利厅，并由地方质量技术监督局组织开展专家咨询会。

(6) 修改咨询意见后，形成《用水定额地方标准编制项目（送审稿）》报告、《地方用水定额编制说明（送审稿）》及《地方用水定额地标（送审稿）》，报送地方质量技术监督局和水利厅，并由地方质量技术监督局组织开展项目成果审查会。

（7）修改审查意见，发布最终定额成果。

地方标准编制项目的技术路线见图 3.1－1。

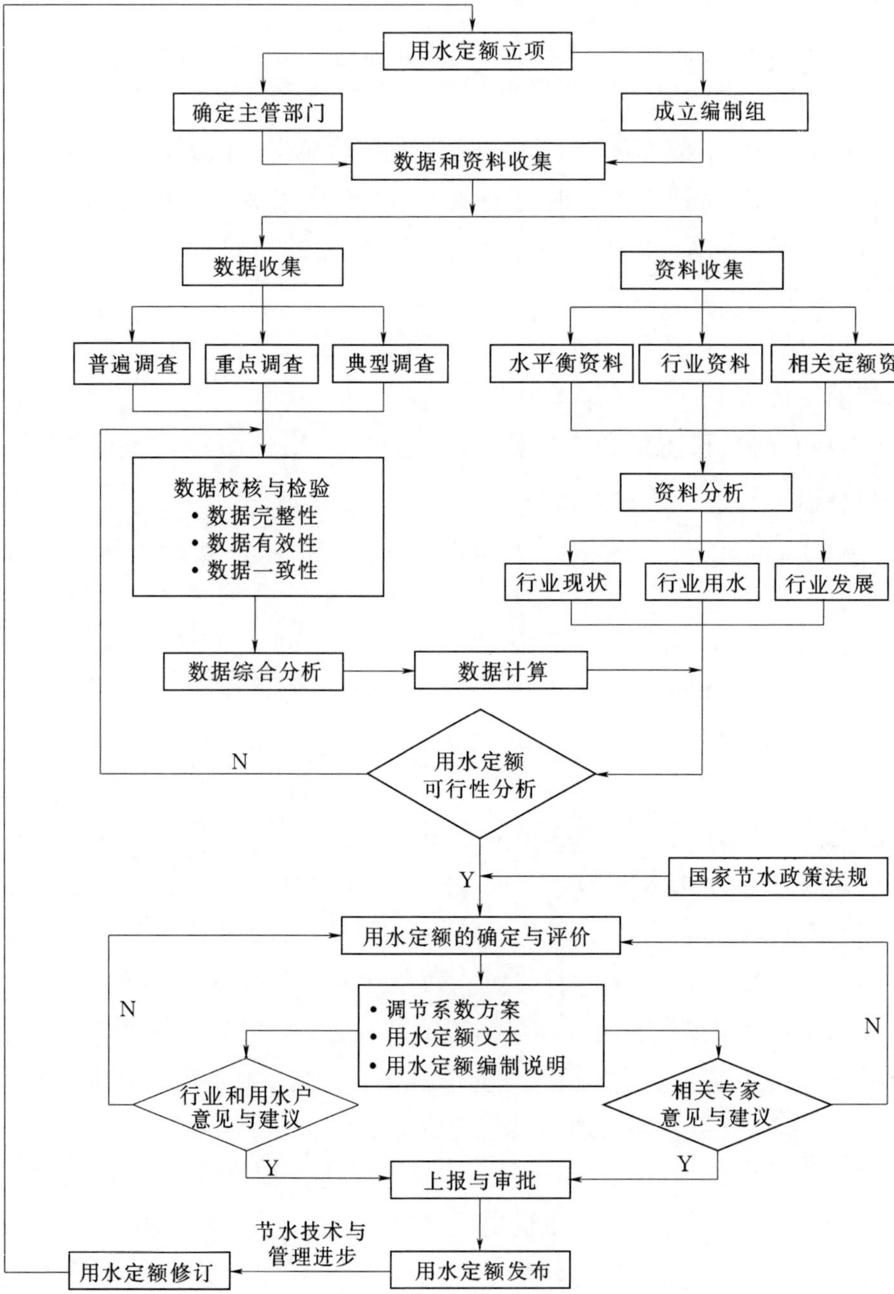

图 3.1－1　用水定额地方标准编制项目技术路线

三、编制方法

（一）用水定额表现指标

（1）农业用水定额指标。

1）灌水定额：指单位灌溉面积上一次灌水的灌水量。计算公式为

$$m=\frac{W}{w}$$

式中：m 为灌水定额，m^3/亩；W 为一次灌水的灌水量，m^3；ω 为灌溉面积，亩（1亩≈$667m^2$）。

2）灌溉定额：灌溉定额指农作物在播前、插前及全生育期内各次灌水定额之和。计算公式为

$$M=\sum_{i=1}^{n}m_i$$

式中：M 为灌溉定额，m^3/亩；m 为第 i 次灌水定额，m^3/亩。

3）畜牧业用水定额指标：指单位牲畜和家禽每天的用水，用“L/(头·d)”或“L/(只·d)”表示。根据牲畜或家禽的头数和用水量估算用水定额，即总用水量与牲畜或家禽数量之商。

4）渔业用水定额指标：指一定的计量时间内，单位面积的鱼塘需要人工补充的新水量，其中包括单位面积坑塘养鱼的水面蒸发和渗漏所消耗水量的补充值，鱼塘用水定额利用水量平衡法。计算公式为

$$V_{fi}=E+L+D-P$$

式中：V_{fi} 为鱼塘用水定额；E 为水面蒸发量；L 为鱼塘渗漏量；D 为鱼塘排水量；P 为降水量。单位均为 m^3/hm^2，$1hm^2$=15亩=$10000m^2$。

5）林业用水定额指标：指单位面积苗圃育苗及果树灌溉用水量。可根据苗圃、果树等的种植面积和灌溉用水量估算。

（2）工业用水定额指标。工业用水定额主要有以下表现形式：

1）单位产品新水量。也称单位产品取水量，指每生产单位产品需要的新水量。

$$V=\frac{\text{年新水量}\ Q}{\text{年产量}}$$

式中：V 为单位产品新水量，m^3/单位产品；Q 为年新水量，m^3。

2）单位产值新水量。也称单位产值取水量，指每生产一万元产值所需要的新水量。

$$W=\frac{年新水量Q}{年产值}$$

式中：W 为单位产值新水量，m^3/万元；Q 为年新水量，m^3。

以上用水定额的形式各有特点，适用的条件和范围也不同。单位产品新水量是考核工业用水水平的较合理、较科学的指标之一，是制定用水定额的常用表达方式，适用范围广，可比性强，本地定额编制要求多采用这种形式；万元产值新水量是综合性指标，可客观反映工业用水水平，纵向对比强，但横向可比性差。

（3）生活用水定额表现指标。

1）城市居民生活定额指标。城市居民生活用水为居民家庭的日常生活用水，包括居民的饮用、烹调、洗涤、清洁、冲厕、洗澡等用水，一般用“L/(人・d)”表示。

2）农村生活用水定额：指不同类别居民的人均用水标准，应根据典型调查进行估算，公式为：

$$m_i=\frac{w_{ni}}{n_i}$$

式中：m_i 为某种用水标准的农村居民生活用水定额，L/(人・d)；w_{ni} 为某地区某种用水标准的农村居民生活用水量；n_i 为某种用水标准的人数。

（4）城市公共设施定额表现指标。城市公共设施用水包括机关办公、商业服务业、宾馆饭店、医疗、文化体育、学校等项设施用水及绿化、道路浇洒用水。其用水涉及甚广，难以用统一的指标衡量。机关、学校等行业一般用“L/(人・d)”表示，宾馆旅社、医院等行业一般用“L/(床・d)”表示，商场、餐饮等行业一般用“L/(营业面积・d)”表示。

（5）建筑业用水定额表现指标。建筑业用水包括房屋建筑、建筑装饰等施工或建设过程中的用水，一般用 m^3/m^2 或 L/(m^2・d)表示。

用水指标含义和单位统计见表 3.1－1。

表 3.1-1　　　　　用水指标含义和单位统计表

用水指标		含义	单位
农业	灌水定额	单位面积上一次灌水的灌水量	m^3/亩
	灌溉定额	农作物在播前、插前及全生育期内各次灌水定额之和	m^3/亩
	畜牧业用水定额	单位牲畜和家禽每天的用水量	L/(头·d)
	渔业用水定额	单位面积的鱼塘需要人工补充的新水量	m^3/hm^2
	林业用水定额	单位面积苗圃育苗及果树灌溉用水量	m^3/m^3
工业	单位产品新水量	每生产单位产品需要的新水量	m^3/单位产品
	单位产值新水量	每生产一万元产值所需要的新水量	m^3/万元
服务业	机关、学校等用水量		L/(人·d)
	宾馆、医院等用水量		L/(床·d)
	商场、餐饮等用水量		L/(营业面积·d)
建筑业	房屋建筑、建筑装饰等用水量		m^3/m^2
生活	农村、城市居民用水量	居民家庭的日常生活用水	L/(人·d)

（二）用水定额编制方法

用水定额的制定应力求简单易行，要在保证正常生产、生活和产品质量的基础上，提高城市及行业节水水平，促进水资源的合理利用与科学管理。

1. 经验法

经验法也称直观判断法，是指运用有关专家、业务人员的经验和判断能力，通过逻辑思维并综合相关的信息、资料和数据，对用水过程的分析、讨论和比较，制定用水定额的方法，包括主观概率值法、调查法、“专家会议”法，德尔菲法等。

经验法的主要优点是简便易行，时间和资金的投入较少，定额调整方便。缺点是易受主观因素影响，技术依据不足，导致结果不够准确。此法适用于用水资料缺乏时用水定额的制定，也可作为其他制定用水定额方法的补充手段。

2. 统计分析法

统计分析法是指将以往同类产品的用水定额和相关的用水统计资料，与当前生产的具体情况相结合，经过分析研究制定用水定额的方法。包括二次平均法，统计趋势分析法、概率测算法。

（1）二次平均法。去除不合理统计数据。由于生产过程中偶然因素或统计数准确性的影响，统计资料中会出现不合理数据（偏高或偏低），这些数据不反映客观事实，必须从统计资料中去除。

计算所测数据的平均值：

$$\overline{V} = \frac{1}{n}\sum_{i=1}^{n} V_i$$

式中：$\overline{V}$为所测数据的平均值；V_i 为第 i 个测试数据值（如实际产品用水定额）；n 为统计时段内测试数据个数。

计算第二次平均值：

$$\overline{\overline{V}} = \frac{1}{k}\sum_{j=1}^{k} V_j$$

式中：V_j 为测试数据中小于平均值$\overline{V}$的数据值($j=1,2,\cdots,k$)；k 为测试数据中小于平均值$\overline{V}$的数据个数；$\overline{\overline{V}}$为小于平均值$\overline{V}$的各数据的平均值。则第二次平均值为：

$$\overline{V}_2 = \frac{\overline{V}+\overline{\overline{V}}}{2}$$

先进性判别：对$\overline{V}_2$ 值进行先进性判别。如果计算所得$\overline{V}_2$ 值不能达到先进定额水平要求，则按步骤“计算第二次平均值”求第三次、第四次、…、第 m 次平均值，直至使$\overline{V}_m$ 值满足要求为止。

（2）统计趋势分析法。统计趋势分析法是根据已掌握的大量统计资料，定量预测分析单位产品用水量的变化规律和发展趋势，以此来确定产品用水定额的方法。其方法步骤如下：收集整理已有若干年产品用水资料，通过分析，去除不合理数据；通过统计分析，建立该产品预测数学模型或曲线，即得到平均单位产品水量与时间的函数关系；据函数关系求得设定年限内单位产品用水量平均值$\overline{V}$；分析判定$\overline{V}$值是否满足定额的先进水平要求。

二次平均法和统计趋势分析法的主要优点是准确性高，工作量小，取得分析结果速度快，受主观因素影响小。缺点是需要大量统计资料，分析结果受统计资料准确性影响大。

3. 技术测定法

技术测定法是指在一定的生产技术和操作工艺、合理的生产管理和正常的生产条件下，通过对某种产品的全部生产过程用水量和产品产量进行实测和分析计算，并考虑各种影响因素加以修正，从而确定用水定额的方法。

技术测定的一般程序如下。

（1）测定时段内生产技术和管理应处于正常条件下。

（2）选择有代表性的生产时段进行测定，既要考虑产品生产的复杂性和影响用水的季节变化等因素。

（3）确定测定次数进行水平衡测试，以获取制定定额所需的各类用水数据。

（4）对水平衡测试阶段内的产品产量进行统计计算。

（5）计算第 i 次测定的单位产品用水量 V_i。

$$V_i=\frac{W_i}{m_i}$$

式中：W_i 为第 i 次测定的用水量值，m^3；m_i 为与 W_i 对应的产品数量。

（6）据 V_i 值，计算其平均值$\overline{V}$。

$$\overline{V}=\frac{1}{n}\sum_{i=1}^{n}V_i$$

式中：n 为测定次数。

（7）分析各类影响因素，对$\overline{V}$值进行修正，最终确定该类产品的用水定额。

技术测定法的主要优点是准确性，受主观因素影响小；缺点是此方法需花费大量的时间和人力。

灌溉用水有效利用系数测算方法：样点灌区应按照大型（≥30 万亩）、中型（1 万～30 万亩）、小型（<1 万亩）灌区和纯井灌区 4 种不同规模与类型进行分类选取。在选择样点灌区时，应综合考虑工程设施状况、管理水平、灌溉水源条件（提水、自流引水）、作物种类和

种植结构、地形地貌等因素。同类型样点灌区重点兼顾不同工程设施状况和管理水平等，使选择的样点灌区综合后能代表全省（自治区、直辖市）该类型灌区的平均情况。

样点个数的具体要求如下。

1）大型灌区：根据水利部的工作要求，所有大型灌区均纳入样点灌区测算分析范围，即大型灌区的总个数即为样点灌区个数。

2）中型灌区：按有效灌溉面积（$A_{中型}$）大小分为3个档次，即1万亩≤$A_{中型}$<5万亩、5万亩≤$A_{中型}$<15万亩、15万亩≤$A_{中型}$<30万亩，每个档次的样点灌区个数不应少于本省（区）相应档次灌区总数的5%。同时，样点灌区中应包括提水和自流引水两种水源类型，样点灌区有效灌溉面积总和应不少于本省（区）中型灌区总有效灌溉面积的10%。

3）小型灌区：样点灌区个数应根据本省（区）小型灌区（或小型水利工程控制的灌溉区域）的实际情况确定；同时，样点灌区应包括提水和自流引水两种水源类型，不同水源类型的样点灌区个数应与该类型灌区数量所占的比例相协调。有条件的省（区）可以根据自然条件、社会经济状况、作物种类等因素分区选择样点灌区。

4）纯井灌区：一般应以单井控制面积作为一个样点灌区（测算单元）。样点灌区（测算单元）个数应根据本省纯井灌区实际情况确定，样点灌区数量以能代表纯井灌区灌溉用水有效利用系数的整体情况为原则。鉴于纯井灌区范围大、井数多的特点，应根据土渠、渠道防渗、低压管道、喷灌、微灌等不同灌溉工程形式分类选择代表性样点，同一种灌溉工程形式至少选择3个样点灌区。

4. 理论计算法

根据产品生产过程的用水技术（设计和操作）要求和单台设备（包括附属设备）的设计水量，用理论公式计算生产单位产品用水量，从而制定用水定额的方法称为理论计算法。包括生产工序法，用水结构法和影响因素法。该方法的优点是简单方便较系统；缺点是存在与客观条件的偏差，需校正。

5. 类比法

类比法也称典型定额法，是以用水条件相同或相似的产品或工序及典型定额为基准，经分析和比较得出类比关系，类比出相邻或相似项目定额的方法。包括比例标示法、曲线图示法等。该方法的优点是简单方便，工作量小，可操作性强，若典型定额选取恰当，则结果较为合理；缺点是结果不一定准确，有偶然性。

第二节　用水定额资料收集

一、工业用水基础资料收集

（一）工业调查行业分类

制定工业用水定额需反映出地方的工业结构和工业用水的特点，需覆盖地方主要的、特色的、在全国有一定地位或知名度的产品及产值较大的用水行业。

根据国民经济行业和生产用水分类，工业用水可以按以下部门进行调查，见表 3.2－1。

表 3.2－1　　工业用水定额编制部门分类表

行业	部门	按投入产出分类部门
高用水工业	纺织	纺织业、服装皮革羽绒及其他纤维制品制造业
	造纸	造纸印刷及文教用品制造业
	石化	石油加工及炼焦业、化学工业
	冶金	金属冶炼及压延加工业、金属制品业
一般工业	采掘	煤炭采选业、石油和天然气开采业、金属矿采选业、非金属矿采选业、煤气生产和供应业、自来水的生产和供应业
	木材	木材加工及家具制造业
	食品	食品制造及烟草加工业
	建材	非金属矿物制品业
	机械	机械工业、交通运输设备制造业、电气机械及器材制造业、机械设备修理业
	电子	电子及通信设备制造业、仪器仪表及文化办公用机械制造业
	其他	其他制造业、废品及废料
电力工业	电力	电力及蒸汽热水生产和供应业

实际操作中，可在以上基础上，根据情况增补行业及产品。

（二）工业用水基础资料收集

收集有关基础资料如下。

（1）工业生产基本情况。各地工业结构、工业总产值、工业增加值和工业总供水量，分行业的生产工艺总体水平、工业产值等。

（2）已有的企业水平衡测试报告。

（3）其他省（区）、已有的用水定额（标准）资料。特别是邻近地区的情况，可供在制定地方相同定额时参考比较。

（4）其他部门的有关研究成果。社会各界高度重视水资源问题，有关部门在节约用水方面做了不少工作，积累了不少资料，应加以收集该类资料。

（5）主要用水工业产品名录。用水定额涵盖的工业产品品种应包括地方工业主要的用水行业的基本产品，以及在全国和地方占据突出地位的重要产品。

（6）其他有关资料。

二、城镇生活用水基础资料收集

（一）城镇生活用水分类

城镇用水按水源分，有自来水、自备井水、河湖取水等。按用途分，有工业用水、生活用水、环境用水等。生活用水包括市政建筑用水。城镇生活用水系指城镇范围内除工业用水（包括厂区生活用水）以外所有用水的统称，又称为城镇综合生活用水或大生活用水。

城镇生活用水分为两大类：居民住宅用水和城镇公共用水。居民住宅用水为居民家庭的日常生活用水，包括居民的饮用、烹调、洗涤、清洁、冲厕、洗澡等用水表示。公共用水包括宾馆、饭店、医院、科研机构、学校、机关、办公楼、商业、娱乐场所、公共浴室等公共设施用水量，以及交通设施用水、仓储用水、市政设施用水、建筑用水、浇洒道路用水、绿化用水、消防用水、特殊用水（军营、军事设施、监狱等）等用水量。包括工矿企业和大型公共设施自备水源的生活用水量，但不包括补充城区河道、湖泊、池塘以保持景观和水体自净能力的用水，该项用水归为环境用水。环境用水一般为河道内取水，不进入供水管网系统，一般单独计算。

城市生活用水根据地方特点选择一些主要耗水行业进行调查分析。

（二）城镇生活基础资料收集

城镇生活用水资料主要来源于建设厅、自来水厂等部门。

（1）收集各部门近3—5年城镇生活用水、有关社经指标等资料。

（2）收集城镇供用水状况资料，包括水厂数、综合生产能力、供水总量、损失水量、损失率、售水量（工业、生活、其他）、年末用水人口、用水行业、普及率等。

（3）收集供水单位按户籍、供水人口、行业、城市住户水费统计的资料。

（4）其他用水定额已颁布实施的省（区）的资料，尤其是邻近省（区）的资料。

（5）其他有关资料。

（三）城镇公共设施用水资料收集

公共设施用水应涉及城市生活中公共用水的主要方面，如商业、餐饮业、美容美发业、沐浴业、洗染业、医院、学校、游泳池、洗车业、影剧院、歌舞厅、旅馆业、机关办公楼、商贸写字楼等。此外，建筑业用水定额按砖混结构和框架结构进行调查。

调查的内容主要有7个方面。

（1）基本情况，包括所属行业、单位名称、地址、职工人数、主要经营项目等情况。

（2）经济指标，包括营业额（销售额）等指标。

（3）用水情况；年用水量、其中的自来水用量等。

（4）可能影响用水量的主要因素：顾客（学生、病员）人数、营业面积（建筑面积）、年营业天数、用水设施等。

（5）计量设施装置情况。

（6）节水投入与措施。

（7）用水管理情况等。

调查采用抽样调查的方法进行，调查单位应具有代表性。

三、农业用水及农村居民用水基础资料收集

（一）用水调查

农业用水调查需抽取典型县（市、区），调查内容包括近3—5年的基本经济指标、水资源、种植结构、实灌面积、水利工程供水、节水灌溉、林牧业用水、灌溉计量设施、用水管理、灌溉试验等方面情况。

农村生活用水调查也采取典型调查的方法。由于农村各类饮水工程较多，要求各县（市、区）选择具有代表性的自来水工程、集中供水工程、单户工程等，调查近3—5年供水设施情况及供水量、供水人口、牲畜数、水费等。

（二）资料收集

（1）收集已完成的农业灌溉用水定额调查报告、附表（图）、典型调查资料、计算方法、计算参数及其他相应基础资料。

（2）收集省（区）水资源综合规划项目的有关灌区典型调查成果资料。

（3）收集地方近年来已完成的大中型灌区续建配套及节水改造资料、其他灌溉规划、灌区调查及相应资料。

（4）收集现有灌溉试验资料。

（5）收集林、牧、渔业用水资料。

（6）收集农业用水其他有关资料。

（7）收集农村人畜饮水工程设计资料、水费征收情况资料、农民用水习惯、用水水平及其他有关资料。

第三节　用水定额编制案例

海南省作为一个独立海岛，陆地面积相对较小，产业结构以服务业和轻工业为主，产业结构相对简单，特点突出。2015年11月，由海南省水务厅、海南省发展和改革委员会、海南省工业和信息化厅以琼水资源〔2015〕422号文发布《海南省工业及城市生活用水定额》

〔2015年〕，本书以海南省为例，对其进行修订，编制用水定额地标，主要内容包括修订工业、生活、服务业、建筑业用水定额，以此阐述用水定额编制方法，供读者参考。

一、海南省社会经济及水资源概况

（一）行政区划

海南省位于中国最南端，北以琼州海峡与广东省划界，西临北部湾与越南民主共和国相对，东濒南海与台湾省相望，东南和南边在南海与菲律宾、文莱和马来西亚为邻。海南省的行政区域包括海南岛和西沙群岛、中沙群岛、南沙群岛的岛礁及其海域。全省陆地（包括海南岛和西沙、中沙、南沙群岛）总面积3.535万km^2，海域面积约200万km^2。海南岛是我国仅次于台湾岛的第二大岛。海南岛与广东省的雷州半岛相隔的琼州海峡宽约18海里，南沙群岛的曾母暗沙是我国最南端的领土。

（二）社会经济发展现状

1. 经济增长及人口

根据2016年《海南省统计年鉴》，海南省2015年末常住人口903.48万人，城镇人口比重提高到53.76%。全年海南省地区生产总值（GDP）3500.7亿元，比上年增长8.5%。其中，第一产业增加值809.6亿元，增长4.8%；第二产业增加值874.4亿元，增长11.0%；第三产业增加值1816.7亿元，增长8.7%。三次产业增加值占地区生产总值的比重分别为23.1∶25.0∶51.9。按常住人口计算，全省人均地区生产总值38924元，按现行平均汇率计算为6337美元，比上年增长7.5%。

2. 农业

2015年海南省农业、林业、牧业、渔业完成增加值832.8亿元，比上年增长5.0%。分产业看，农业完成增加值375.3亿元，比上年增长6.7%。蔬菜种植面积25.33万hm^2，增长5.8%；蔬菜产量561.12万t，增长6.9%。水果种植面积17.49万hm^2，下降5.1%；水果产量420.26万t，下降4.4%。渔业完成增加值231.2亿元，比上年增长 7.6%。水产品总产量 197.23 万 t，比上年增长 7.7%。林业完成增加值 68.1 亿元，比上年增长 2.3%。干胶产量 39.37 万 t，下降 6.5%。畜牧业完成增加值 135.1 亿元，下降 2.3%。肉类总产量 79.47 万 t，下降 4.1%。农林牧渔服务业完成增加值 23.1 亿元，增长 11.2%。

3. 工业

2015 年，海南省工业完成增加值 485.85 亿元，比上年增长 5.2%。其中，规模以上工业增加值 448.95 亿元，增长 5.1%。分轻重工业看，轻工业增加值 129.98 亿元，增长 9.6%；重工业增加值 318.97 亿元，增长 3.6%。分经济类型看，国有企业增长 12.8%，集体企业下降 60.1%，股份制企业增长 5.7%，外商及港澳台投资企业增长 2.2%，其他经济类型工业增长 5.7%。工业产销率 97.2%，降低 0.2%。

在八大工业支柱行业增加值中，农副食品加工业比上年增长 1.6%，造纸及纸制品业增长 7.3%，石油加工业增长 20.4%，化学原料及化学制品制造业增长 0.2%，医药制造业增长 17.2%，非金属矿物制品业增长 2.1%，汽车制造业下降 24.4%，电力、热力的生产和供应业增长 5.5%。

2015 年批发零售业完成增加值 446.75 亿元，比上年增长 8.3%；住宿餐饮业完成增加值 170.07 亿元，比上年增长 6.6%。

2015 年实现社会消费品零售总额 1325.1 亿元，比上年增长 8.2%。按经营地分，城镇零售额 1102.93 亿元，增长 7.7%；乡村零售额 222.21 亿元，增长 10.8%。按消费形态分，商品零售额 1098.06 亿元，增长 7.5%；餐饮收入 227.08 亿元，增长 12.0%。在限额以上企业商品零售中，粮油食品类下降 1.9%，服装鞋帽针纺织品类增长 24.5%，化妆品类增长 16.3%，金银珠宝类增长 11.4%，日用品类增长 16.8%，家用电器和音像器材类下降 1.7%，石油及制品类下降 15.5%，汽车类增长 0.7%。

（三）水资源及开发利用现状

根据 2015 年《海南省水资源公报》，2015 年海南省年平均降水量

1403.5mm，折合降水总量479.4亿m^3，相应频率86.9%，属枯水年，比多年平均值（常年）少19.8%，比上年少29.6%。各市（县）降水量与多年平均值相比，仅乐东县和东方市分别偏多16.2%和6.5%。

2015年，海南省地表水资源量195.9亿m^3，折合年径流深573.7mm，比多年平均值偏少35.6%，比上年偏少48.3%。各市（县）地表水资源量与多年平均值比较，仅乐东和东方分别偏多30.2%和9.7%，其他市县均偏少。

2015年，海南省地下水资源量50.59亿m^3，比多年平均值偏少37.0%，比上年偏少47.7%。其中平原区14.55亿m^3，山丘区36.19亿m^3，平原区与山丘区之间的地下水资源重复计算量0.1520亿m^3，将地表水资源量与地下水资源量中的不重复量相加，水资源总量为198.2亿m^3，比多年平均值偏少35.6%，比上年偏少48.3%。全省平均产水系数0.413，平均产水模数58万m^3/km^2。

根据对海南省9座大型水库和71座中型水库的统计，2015年末总蓄水量37.64亿m^3，比上年末减少17.57亿m^3。大型水库当年末总蓄水量28.90亿m^3，比上年末减少16.41亿m^3。

2015年，海南省总供水量45.84亿m^3，比上年增加0.82亿m^3。其中地表水源供水量42.95亿m^3，占总供水量的93.7%；地下水源供水量2.74亿m^3，占总供水量的6.0%；其他水源（污水处理回用）0.15亿m^3，占0.3%。

在地表水源供水量中，蓄水工程占68.7%，引水工程占21.6%，提水工程占9.7%；地下水源供水量全部为浅层水。全省海水利用量19.00亿m^3，主要用于火电厂冷却水，海水利用较多的市县有东方市、澄迈县和昌江县。

2015年，海南省总用水量45.84亿m^3，比上年增加0.82亿m^3。其中，农业用水量34.32亿m^3，占总用水量的74.9%；工业用水量3.24亿m^3，占总用水量的7.1%；生活用水量7.95亿m^3，占总用水量的17.3%；生态环境用水量0.33亿m^3，占总用水量的0.7%。各行政分区中，农业用水量所占比例较低的为海口市和三亚市，分别占其总用水量的52.9%和40.7%；农业用水量所占比例较高的为乐东县、保亭县、陵水县、临高县、琼中县和东方市，均占其总用水量的85%以上。工业用水量所占比例较高的为澄迈县、昌江县、儋州市和海口市，占其总用水量的17.6%～12.0%；其他市（县）工业用水所占比例大多很小。生活用水量所占比例较高的为海口市和三亚市，分别占其总用水量的32.9%和54.1%；生活用水量所占比例较低的为东方市、昌江县、乐东县和临高县，均占其总用水量10%以下。在水资源分区用水量中，南渡江流域11.18亿m^3，占全省总用水量的24.3%；昌化江流域5.63亿m^3，占12.3%；万泉河流域3.06亿m^3，占6.7%；海南岛东北部4.44亿m^3，占9.7%；海南岛南部11.68亿m^3，占25.5%；海南岛西北部9.85亿m^3，占21.5%。

2015年，全省总耗水量20.50亿m^3，其中农业占81.4%，工业占4.8%，生活占12.6%，生态环境占1.2%。全省综合耗水率（消耗量占用水量的百分比）为44.7%。各行业耗水率：农业48.6%，工业32.4%，生活30.5%，生态环境76.5%。

2015年海南省全年总评价河长1985km，Ⅰ～Ⅲ类水河长占总评价河长的94.4%，其中Ⅰ类水河长占总评价河长的12.5%，Ⅱ类水河长占总评价河长的58.8%，Ⅲ类水河长占总评价河长的23.1%，Ⅳ类水河长占总评价河长的4.9%，Ⅴ类水河长占总评价河长的0.7%；汛期总评价河长1985km，Ⅱ～Ⅲ类水河长占总评价河长的90.9%，其中Ⅱ类水河长占总评价河长的69.8%，Ⅲ类水河长占总评价河长的21.1%，Ⅳ类水河长占总评价河长的9.1%；非汛期总评价河长1985km，Ⅰ～Ⅲ类水河长占总评价河长的93.7%，其中Ⅰ类水河长占总评价河长的12.5%，Ⅱ类水河长占总评价河长的62.4%，Ⅲ类水河长占总评价河长的18.8%，Ⅳ类水河长占总评价河长的4.1%，Ⅴ类水河长占总评价河长的0.7%，劣Ⅴ类水河长占总评价河长的1.4%；非汛期Ⅰ～Ⅲ类水河长比例较汛期高2.8%。主要污染项目是总磷、氨氮和高锰酸盐指数。

按2015年水资源量统计，海南省水资源开发利用率23.1%，其中南渡江流域、昌化江流域、万泉河流域、海南岛东北部、海南岛南部、海南岛西北部分别为30.7%、18.9%、11.5%、21.1%、19.4%、41.1%；按多年平均水资源量统计，全省水资源开发利用率

14.9%，其中南渡江流域、昌化江流域、万泉河流域、海南岛东北部、海南岛南部、海南岛西北部分别为16.1%、13.1%、5.7%、14.9%、15.2%、28.8%。

二、海南省用水定额编制情况

（一）海南省用水定额编制历程

1.《海南省工业及城市生活用水定额（试行）》（2008年）

为了落实科学发展观，提高水资源利用率，推进省内节水工作，海南省从2002年就开展了海南省工业及城市生活用水定额编制工作，在全省进行了广泛的工业与生活用水调查，收集了4年的用水资料，调查了487家工业企业、21家城市公共用水单位和928户城市居民住宅用水资料，统计到2.4万组数据，并参考了省内外大量的定额和有关资料。在此基础上，进行汇总分析，运用统计分析法、经验法、类比法编制了《海南省工业及城市生活用水定额编制报告》，并于2008年通过海南省水务局组织的技术审查。该定额涵盖了工业、城乡居民生活和城镇公共用水等274个类别，498个定额值，包括林业、采矿业、制造业、电力和燃气及水的生产和供应业、建筑业、交通运输仓储和邮政业、批发和零售业、住宿和餐饮业、水利和环境及公共设施管理业、居民服务和其他服务业、教育、卫生-社会保障及社会福利业、文化-体育和娱乐业、公共管理和社会组织、城市居民生活15大门类。

2008年海南省水务局和海南省发展与改革委员会联合印发了琼水资保〔2008〕231号“关于做好《海南省工业及城市生活用水定额（试行）》试行工作的通知”，提高了海南省开展节约用水、推广依据定额用水和全社会的节水意识。

2.《海南省工业及城市生活用水定额》（2015年）

《海南省工业及城市生活用水定额》（2015年）由海南省水务厅、海南省发展和改革委员会、海南省工业和信息化厅于2015年11月以琼水资源〔2015〕422号文发布，该定额涵盖了工业、城市居民生活和城镇公共用水等280个类别，502个定额值。包括林业、采矿业、制造业、电力-燃气及水的生产和供应业、建筑业、交通运输仓储和邮政业、批发和零售业、住宿和餐饮业、水利-环境和公共设施管理业、居民服务和其他服务业、教育、卫生-社会保障和社会福利业、文化-体育和娱乐业、公共管理和社会组织、城市居民生活等门类。《海南省用水定额》（工作组讨论稿，2015 年）首次包含了农业用水定额，但未发布。

（二）海南省用水定额现状

海南省未发布农业用水定额，本书仅对海南省工业、生活和服务业用水定额的基本情况作介绍。

1. 工业

《海南省工业及城市生活用水定额》（2015 年）制定的工业用水定额包括 36 个大类，245 个小类，453 个产品定额值。

其中大类项包括煤炭开采和洗选业，石油和天然气开采业，黑色金属矿采选业，有色金属矿采选业，非金属矿采选业、农副食品加工业、食品制造业，酒、饮料和精制茶制造业，烟草制品业，纺织业、纺织服装、服饰业，皮革、毛皮、羽毛及其制品和制鞋业，木材加工和木、竹、藤、棕、草制品业，家具制造业，造纸及纸制品业，印刷和记录媒介复制业，文教、工美、体育和娱乐用水品制造业，石油加工、炼焦及核燃料加工业，化学原料及化学制品制造业、医药制造业、化学纤维制造业、橡胶和塑料制品业、非金属矿物制品业、黑色金属冶炼及压延加工业、有色金属冶炼和压延加工业、金属制品业、通用设备制造业、专用设备制造业、汽车制造业、铁路、船舶、航空航天和其他运输设备制造业、电气机械和器材制造业、计算机、通信和其他电子设备制造业、仪器仪表制造业、其他制造业、电力、热力生产和供应业、燃气生产和供应业。

2. 生活和服务业

《海南省工业及城市生活用水定额》（2015 年）只制定了城市居民生活用水，未制定农村居民生活用水。其中，地级市为 220L/(人·d)，县级市为 200L/(人·d)，县或自治县为 180L/(人·d)，农村居民生活用水定额为 150L/(人·d)，见表 3.3-1。服务业制定的用水定额包括 17 个大类，31 个小类项，39 个产品定额值。其中大类项名称分别为：

零售业，铁路运输业，道路运输业，道路运输业，水上运输业，航空运输业，住宿业，餐饮业，公共设施管理业，居民服务业，机动车、电子产品和日用产品修理业，教育业，卫生业，广播、电视、电影和影视录音制作业，文化艺术业，体育，娱乐业，国家机构。

表 3.3－1　　居民生活用水定额表　　单位：L/(人·d)

分　类	地区类别	定额值
城镇居民	地级市	220
	县级市	200
	县或自治县	180

三、海南省用水行业分类与代码

用水行业分类与编码是收集各行业用水资料和编制行业用水定额的一项基础性工作。海南省用水行业分类与代码根据国家标准《国民经济行业分类与代码》(GB/T 4754—2011) 的要求进行分类与产品归类，并编制编码（表 3.3－2)。

《国民经济行业分类与代码》(GB/T 4754—2011) 将行业按门类、大类、中类和小类进行划分，考虑海南省用水行业实际情况，过粗的用水定额分类可行性不强，过细的工作量庞大。参考其他省市的一些做法，结合海南省行业用水自身特点和实际用水情况，本次定额编制值采用到中类。

在本次用水定额编制中，中类依据完全十进制，形成三位数字码的产业类别标识系统，即从“011”开始升序编码，代码前两位数字表示大类，第三位表示大类中的种类，即“中类”，代码从“1”开始编，按升序排列，最多编到“9”。例如，代码“172”中前两位数字“17”表示大类“纺织业”，“172”中的最后一位数“2”表示大类中的种类“毛纺织及染整精加工”。

四、工业用水定额编制

(一) 调查对象及内容

海南省工业企业数量较多，2015 年仅规模以上企业就有 379 家，本次将对重点企业进行抽样调查。在抽样调查过程中，尽量选择高用水行业进行典型调查，如火电、钢铁、纺织、造纸、石化和化工、食品、煤炭开采和洗选、有色金属矿采矿、医药制造等。

通过现有的统计报表、用水记录及由被调查企业自填自报，发调查表等方式收集到1732家企业取水量及海南省各市县25家2012—2015年企业供水资料。覆盖了工业行业19个大类，96个行业中类。此外，项目组还收集了国内部分行业标准以及各省制定的工业取水定额。

典型工业企业用水调查的主要内容如下。

（1）企业基本情况。包括企业名称、单位性质、所属行业、创建时间、主要产品、企业人数及规模、企业的变化、主要生产工艺流程。

（2）企业供水水源情况。包括水源位置、水源类型、供水方式等。

（3）企业历年生产和用水情况。包括各种产品的工业产量、工业产值、年取水量、年排水量、年耗水量、重复利用率等。

（4）企业用水工艺流程。包括不同水源取水量分配、取水量和用水量按不同用途（间接冷却水、工艺水、锅炉水、职工生活用水、外供水）的分配及其年循环水量、年串联用水量、年排污水量及其处理量等。

（5）企业用水设施和节水情况。包括主要用水设备基本情况、抽水和节水设施、近年的节水投资收益及计划、用水管理及存在的问题、供排水的费用等。

（6）绘制企业的生产工艺流程示意图，并在图中标明各部分的用水情况和用水量。

（二）工业产品取水定额制定

工业产品取水定额的制定主要是依据收集和重点调查的大量基础资料，运用统计分析法、经验法、类比法等方法进行综合分析、平衡，并和国家标准、省内外有关定额值相对比，确定产品取水定额。

譬如某些产品生产企业数少，或这次调查的企业数较少，我们在将单位产品取水量平均后，与省内外的同类产品取水定额（包括生产工艺、设备等影响因素，下同）或国家标准进行对比分析，确定该产品的取水定额。

对未收集到用水资料的产品，如果有国家标准，将按照国标制定，否则将与国内同行业产品对比分析后制定定额。

受用水条件、种类、方法、工艺水平、管理水平等多方面因素复杂性的影响，各个行业采用一个统一的定额模式方法是不可能的，而且在这方面可供借鉴的系统研究成果不多，采用的方法应该是定额结果的适用性和可靠性，以及对用水管理的指导性，无论什么方法只要能满足定额的作用和要求，也就达到了定额制定的目的。

1. 石油开采业

（1）行业概况。海南岛周围蕴藏着丰富的石油、天然气资源，据估算天然气远景储量 58 万亿 m^3，石油 292 万 t，开发前景广阔。据 2015 年《海南统计年鉴》，海南省目前规模以上石油开采业只有 1 家企业，天然原油产量 29.98 万 t，产值 9.02 亿元。

（2）定额分析。本次收集到企业用水资料，经统计分析，与海南省制定的原油开采用水定额相近，海南省石油开采业用水定额仍沿用《海南省工业及城市用水定额》（2015 年）公布的数据结果。

2. 铁矿采选业

（1）行业概况。2015 年海南省规模以上黑色金属采选企业共有 4 家，主要产品为铁精矿和铁矿选矿，产值 13.2 亿元，年采原铁矿石 930 万 t，成品铁矿石 497.65 万 t。

（2）定额分析。本次收集到 1 家铁矿生产基地用水资料，经统计分析，单位产品用水量低于海南省制定的用水定额，通过与国内同行业比较用水定额，海南省制定的铁矿选矿定额值也偏高，考虑到本次收集企业用水户资料较少，本次将国内同行业用水定额二次平均后，再结合省内实际调查情况调整黑色金属矿采选业用水定额。

3. 贵金属矿采选业

（1）行业概况。2015 年海南省有金矿采选企业 2 家，主要产品为黄金的采选，产量 1562kg。

（2）定额分析。本次收集到 1 家金矿采选企业用水资料，经统计分析，黄金采选用水量与海南省制定的用水定额接近；其次海南省制定的黄金采选用水定额与国内同行业相近，因此海南省贵金属开采选业用水定额延用《海南省工业及城市用水定额》（2015 年）公布的数据结果。

4. 农副食品业

（1）行业概况。2015 年海南省规模以上农副食品加工业共有 62 家企业，完成工业总产值 134.55 亿元，主要产品面粉、大米、花生油、食糖、肉制品、豆制品等。其中，面粉产量 0.5 万 t，大米产量 1.2 万 t，饲料 192.89 万 t，成品糖 25.7 万 t。

（2）定额分析。本次收集到 1 家面粉、18 家糖厂及 2 家水产品企业的用水资料，通过分析计算，同时对比分析国内同行业用水定额，海南省制定的面粉、水产品用水定额值与实际情况相符，与国内同行业用水定额值相近，食糖用水定额明显偏大，本次将采用统计分析法之二次平均法对食糖用水定额进行调整。

5. 食品业

（1）行业概况。食品工业是工业的用水大户之一，其中味精、柠檬酸、腐竹等食品制造业是食品工业的主要用水大户。海南省 2015 年规模以上食品制造业共有 16 家企业，共完成产值 44.26 亿元。其中糖果 0.5 万 t，乳制品 0.5 万 t，罐头 24.3 万 t 等。

（2）定额分析。本次未收集到味精、柠檬酸、腐竹等食品用水资料，主要通过与国家标准进行比较制定用水定额。海南省制定的味精用水定额为 $261m^3/t$，干酵母 $160m^3/t$，柠檬酸用水定额为 $580m^3/t$，均远高于工信部〔2013〕367 号文印发的《重点工业行业用水效率指南》要求的味精、干酵母、柠檬酸单位产品取水量指标 $60m^3/t$、$90m^3/t$、$40m^3/t$。本次参考国标要求，对海南省制定的以上 3 项定额值进行调整。

6. 酒、饮料和精制茶制造业

（1）行业概况。海南省 2015 年规模以上酒、饮料和精制茶共有 26 家企业，共完成产值 18.03 亿元。其中发酵酒精 787kL，饮料酒 8.51 万 kL，啤酒 6.19 万 kL，碳酸饮料 8.31 万 t，精制茶 254t。

（2）定额分析。本次收集到 2 家茶厂的用水资料，根据统计分析，海南省制定的茶叶用水定额与海南省制定的定额基本相符。其次，参考国内同行业用水定额，将沿用海南省制定茶叶用水定额值。

海南省制定的酒精用水定额为 $100m^3/t$，远高于工信部〔2013〕367 号文印发的《重点工业行业用水效率指南》要求的定额值 $30m^3/t$；

制定的啤酒用水定额为 15m³/t，与《取水定额　第 6 部分：啤酒制造》（GB/T 18916.6—2012）要求的现有企业 6m³/kL，新建企业 5.5m³/kL 的格式及定额值也不相符；制定的碳酸饮料 6.5m³/t，乳酸饮料 8.5m³/t，咖啡 20m³/t 均与《饮料制造取水定额》（QB/T 2931—2008）要求的定额值有偏差，其次按标准，饮料制造需按照现有企业和新建企业分别制定用水定额。因此，海南省酒和饮料用水定额主要参考《重点工业行业用水效率指南》《取水定额　第 6 部分：啤酒制造》（GB/T 18916.6—2012）及《饮料制造取水定额》（QB/T 2931—2008）等国家标准进行相应调整。

7. 纺织及皮革、毛皮、羽毛及其制品和制鞋业

（1）行业概况。海南省 2015 年规模以上纺织业共有企业 2 家，服装服饰、制鞋业共有企业 1 家，其中纺织业完成产值 5.29 亿元，无纺布（无纺织物）1.35 万 t；服装服饰、制鞋业完成产值 2474 万元，生产服装 38 万件，手提包 9 万个等。

（2）定额分析。纺织业涉及的产品较多，如棉布、棉纱、牛仔布、色织布、印染布、毛粗纺、毛精纺等等约几十种产品。本次收集到部分产品用水量，定额除了根据收集到的数据进行统计分析，还需参考国家标准及国内同行业产品定额。譬如海南省制定的棉布和棉纱用水定额分别为 0.75m³/百米、2m³/百米，《取水定额　第 4 部分：纺织染整产品》（GB/T 18916.4—2012）棉布、棉纱用水定额是分别按照现有和新建企业分别制定，制定的定额单位也与海南省不同，因此，海南省纺织及皮革、毛皮、羽毛及其制品和制鞋业用水定额主要参照国家标准制定。

8. 造纸业

（1）行业概况。造纸是我国四大发明之一，造纸及纸制品业生产过程主要消耗大量的木材、草料和大量的水、蒸汽及电力，在工业行业中是典型的用水大户和废水大户，是主要的工业污染源之一。

2015 年海南省规模以上造纸企业共有 7 家，完成产值 117.19 亿元，其中生产纸浆（原生浆废纸浆）150.29 万 t，机制纸及纸板 167.43 万 t，纸制品 1845t 等。

（2）定额分析。造纸的原料、设备不同用水情况差别很大，造纸的原

料有草浆、木浆、废纸等，抄纸机抄宽的不同，设备的老化程度等情况均对用水指标有较大影响。2012年国家颁布了《取水定额　第5部分：造纸产品》（GB/T 18916.5—2012），首先，考虑到海南省制定的造纸业用水定额基本高于国家标准；其次，本次收集到1家造纸厂用水资料，经统计分析，产品用水定额与海南省制定的定额值不符。因此，本次将参照国家标准并结合海南的造纸产品实际用水情况调整定额。

9. 石油加工、炼焦及核燃料加工业

（1）行业概况。海南省石油加工包括原油加工业和石油制品业两大部分，原油加工业是以开采原油后进行初步加工，不仅提供各种石油产品，而且也为石油加工、化纤、化肥等工业提供原料。石油制品业是由石油加工产品经深加工后形成的各类产品。

2015年海南省规模以上石油加工、炼焦及核燃料加工业共有企业5家，完成产值552.50亿元，其中原油加工量1114.4万t，汽油248.19万t，煤油150.2万t，柴油331.16万t，燃料油24.23万t，液化石油气85.50万t等。

（2）定额分析。本次收集到1家原油加工企业用水量，根据分析计算，原油加工用水量低于海南省制定的0.95m^3/t，其次海南省制定的原油加工用水量也高于《取水定额　第3部分：石油炼制》（GB/T 18916.3—2012）制定的现有企业0.75m^3/t，新建企业0.60m^3/t的用水定额。因此，海南省原油加工用水定额将参考国家标准制定。

海南省乙烯用水定额为29.1～38.2m^3/t，也远远高于《取水定额　第13部分：乙烯生产》（GB/T 18916.13—2012）和国内同行业定额值。因此，海南省石油加工、炼焦和核燃料加工业用水定额将参照已颁布的国家标准和国内同行业产品定额分析制定。

10. 化学原料及化学制品制造业

（1）行业概况。化学原料及化学制品制造业是一个范围广、品种多、产量大的行业，其深入到人们的工作、生活的每一个环节。总体来看其可分为基础化学工业、石油化工、日用化工、涂料、颜料工业、化肥工业等几大领域。

2015年海南省规模以上化学原料及化学制品制造业共有企业21家，

完成产值 201.22 亿元。其中生产纯苯 15.53 万 t，精甲醇 142.17 万 t，合成氨 79.16 万 t，农用氮、磷、钾化学肥料总计 64.15 万 t，初级形态的塑料 22.09 万 t，合成纤维单体 195.34 万 t，合成纤维聚合物 71.80 万 t 等。

(2) 定额分析。目前化工行业已颁布硫酸、纯碱等取水定额标准，分别为《硫酸取水定额》（HG/T 4186—2011）、《纯碱取水定额》（HG/T 3998—2008）。合成氨也有相应的国家标准，为《取水定额　第 8 部分：合成氨》（GB/T 18916.8—2006）。海南省制定的硫酸、纯碱、合成氨的用水定额均远高于国家标准，并且未按照工艺的不同制定不同定额值，因此，这 3 项用水定额值将参考国家标准制定。其余产品用水定额将对比国内同行业用水定额分析制定。

11. 医药制造业

(1) 行业概况。药品的生产与其他产品的生产不同，其特点是生产过程较长、纯度要求高，产量少、品种多，市场变化大，生产装置需灵活调整，产品更新换代快。医药制造业主要分原料药生产和制剂生产。2015 年海南省医药制造业共有企业 44 家，完成产值 145.08 亿元，生产化学试剂 1549t，中成药 1143t。

(2) 定额分析。本次收集到生产中成药企业用水量，根据收集的数据进行统计分析，海南省制定的中成药产品定额与实际情况相符，其他产品用水定额将与国内工行业产品定额对比分析制定。

12. 橡胶和塑料制品业

(1) 行业概况。2015 年海南省橡胶和塑料制品共有企业 11 家，完成产值 20.81 亿元，生产塑料制品 2.49 万 t。

(2) 定额分析。本次收集到 7 家橡胶加工企业用水资料，经统计分析，与海南省制定的橡胶用水定额基本一致。通过与国内同行业比较用水定额，海南省橡胶和塑料制品业用水定额仍保持《海南省工业及城市用水定额》(2015 年) 公布的数据结果。

13. 金属冶炼及压延加工业

(1) 行业概况。金属冶炼及压延加工包括黑色金属冶炼及压延加工和有色金属冶炼压延及加工。黑色金属冶炼主要是指对铁、钢的生产及钢压延加工、铁合金冶炼等。2015 年海南省黑色金属冶炼及压延加工业共有企业 4 家，完成产值 13.72 亿元。其中生产粗钢 23.89 万 t，钢材 34.73 万 t 等。有色金属冶炼主要是针对铜、铅、锌、锑、铝的生产及冶炼。2015 年海南省有色金属冶炼及压延加工业共有企业 3 家，完成产值 3.5 亿元。

（2）定额分析。本次收集到 1 家钢结构生产企业用水资料，通过统计分析，用水量在海南省制定的钢压延加工用水定额范围以内，但考虑到国家已颁布《取水定额　第 2 部分：钢铁联合企业》（GB/T 18916.2—2012）用水定额标准，并按照现有企业和先进企业分别制定定额，定额值与海南省制定的定额范围相近。因此，海南省黑色和有色金属冶炼及压延加工业将参考国家标准调整。

14. 汽车制造业

（1）行业概况。2015 年海南省汽车制造业共有企业 22 家，完成产值 68.73 亿元。其中生产小型拖拉机 1201 台，汽车 6.98 万辆。

（2）定额分析。本次收集到生产轿车的企业用水资料，经计算分析，与海南省制定的定额值基本一致，其次通过与国内同行业产品定额比较，海南省汽车制造业用水定额将延用《海南省工业及城市用水定额》（2015 年）公布的数据结果。

15. 火电行业

（1）行业概况。火力发电行业需要大量的生产用水，在火电机组中完成能量转换的工质是水，工质和设备冷却需用大量的水，冲灰渣也需要较多的水，因此本次着重对火力发电行业进行调查。

据 2005 年统计数据，海南省电力、热力的生产和供应业有 35 家，工业总产值 211.58 亿元，发电总量 244.75 亿 kW·h，其中火力发电量 228.22 亿 kW·h，约占总发电量的 93.2%。

（2）取水定额分析。本次分别收集到二次循环冷却工艺的电厂用水资料和采用海水循环冷却工艺的电厂用水资料。通过分析计算，海南电厂实际用水情况低于海南省现有制定的取水定额标准，与火力发电取水定额国标值接近。因此，参考国家标准并结合实际调研情况，海南省火电行业取水定额标准将参照《取水定额　第 1 部分：火力发电》（GB/T 18916.1—2012）调整。

表 3.3-2 海南省工业取水定额统计表

序号	行业代码	行业类别	产品	单位	定额值	说明
1	061	烟煤和无烟煤开采洗选	原煤	m^3/t	1	
2			洗煤	m^3/t	0.3	
3	071	石油开采	原油	m^3/t	6	
4	072	天然气开采	天然气	m^3/t	2	
5	081	铁矿采选	铁精矿	m^3/t	7	
6			铁矿选矿	m^3/t	4	
7	091	常用有色金属矿采选	铜精矿	m^3/t	34	
8			铝矿	m^3/t	0.3	
9			铝土矿	m^3/t	7	
10	092	贵金属矿采选	黄金	m^3/t	40	
11	101	土砂石开采	浮法砂	m^3/t	10	
12			石料	m^3/t	0.8	
13	102	化学矿开采	硫铁矿	m^3/t	0.5	
14	103	采盐	海盐	m^3/t	0.8	
15	109	石棉及其他非金属采选	宝石	m^3/t	10	
16	131	谷物磨制	面粉	m^3/t	1	
17			大米	m^3/t	0.06	
18	132	饲料加工	饲料	m^3/t	1.5	
19	133	植物油加工	花生油	m^3/t	8	
20	134	制糖业	食糖	m^3/t	20	
21	135	屠宰及肉类加工	生猪屠宰	m^3/头	2	
22			宰牛	m^3/头	2.5	
23			宰羊	m^3/头	1.5	
24			肉鸡屠宰	m^3/头	0.1	
25			肉鸭屠宰	m^3/头	0.1	
26			红肠	m^3/t	200	
27			肉制品	m^3/t	25	

续表

序号	行业代码	行业类别	产品	单位	定额值	说明
28	136	水产品加工	水产品	m^3/t	80	
29			冷藏	m^3/(万t·d)	0.05	
30			鱼粉	m^3/t	2.5	
31	137	蔬菜、水果和坚果加工	椰蓉	m^3/t	1	
32			果菜加工	m^3/t	1	
33	139	其他农副食品加工	淀粉	m^3/t	30	
34			水豆腐	L/板	45	
35			干豆腐	L/kg	30	
36	141	焙烤食品制造	糕点	m^3/t	27	
37	142	糖果、巧克力及蜜饯制造	酥糖	m^3/t	10	
38			硬糖类	m^3/t	15	
39			软硬糖类	m^3/t	15	
40	143	方便食品制造	挂面	m^3/t	5	
41			波纹面	m^3/t	2	
42			快餐面	m^3/t	3	
43			方便面	m^3/t	1.5	
44	144	乳制品制造	鲜奶	m^3/t	12	
45			豆奶	m^3/t	20	
46			酸奶	m^3/t	12	
47			全脂奶粉	m^3/t	25	
48	145	罐头食品制造	肉类罐头	m^3/t	50	
49			水果类罐头	m^3/t	40	
50	146	调味品、发酵制品制造	味精	m^3/t	60	参考工信部联节〔2013〕367号文
51			酱油	m^3/t	12	
52			醋(液)	m^3/t	10	
53			蚝油	m^3/t	8.5	
54			鸡精	m^3/t	3	

续表

<table>
<tr><th>序号</th><th>行业代码</th><th>行业类别</th><th>产品</th><th>单位</th><th>定额值</th><th colspan="2">说　　明</th></tr>
<tr><td>55</td><td rowspan="3">146</td><td rowspan="3">调味品、发酵制品制造</td><td>调味品</td><td>m^3/t</td><td>25</td><td colspan="2"></td></tr>
<tr><td>56</td><td>干酵母</td><td>m^3/t</td><td>90</td><td colspan="2" rowspan="2">参考工信部联节〔2013〕367 号文</td></tr>
<tr><td>57</td><td>柠檬酸</td><td>m^3/t</td><td>40</td></tr>
<tr><td>58</td><td rowspan="9">149</td><td rowspan="9">其他食品制造</td><td>冰棍</td><td>m^3/万支</td><td>13</td><td colspan="2"></td></tr>
<tr><td>59</td><td>雪糕</td><td>m^3/t</td><td>10</td><td colspan="2"></td></tr>
<tr><td>60</td><td>冷饮</td><td>m^3/万支</td><td>8</td><td colspan="2"></td></tr>
<tr><td>61</td><td>冰淇淋</td><td>m^3/万支</td><td>20</td><td colspan="2"></td></tr>
<tr><td>62</td><td>制冰</td><td>m^3/t</td><td>2</td><td colspan="2"></td></tr>
<tr><td>63</td><td>原盐</td><td>m^3/t</td><td>0.8</td><td colspan="2"></td></tr>
<tr><td>64</td><td>食用盐</td><td>m^3/t</td><td>13</td><td colspan="2"></td></tr>
<tr><td>65</td><td>腐竹</td><td>m^3/t</td><td>280</td><td colspan="2"></td></tr>
<tr><td>66</td><td>麦芽</td><td>m^3/t</td><td>7</td><td colspan="2"></td></tr>
<tr><td>67</td><td rowspan="7">151</td><td rowspan="7">酒的制造</td><td>酒精</td><td>m^3/t</td><td>30</td><td colspan="2">参考工信部联节〔2013〕367 号文</td></tr>
<tr><td>68</td><td>白酒(原酒取水量)*</td><td>m^3/kL</td><td>51</td><td rowspan="2">现有企业</td><td rowspan="4">参考《取水定额　第 15 部分：白酒制造》(GB/T 18916.15—2014)(现有企业指 2001 年 1 月 1 日前建成投产的企业；新建企业指 2001 年 1 月 1 日后新建、改建、扩建的企业)</td></tr>
<tr><td>69</td><td>白酒(成品酒取水量)*</td><td>m^3/kL</td><td>7</td></tr>
<tr><td>70</td><td>白酒(原酒取水量)*</td><td>m^3/kL</td><td>43</td><td rowspan="2">新建企业</td></tr>
<tr><td>71</td><td>白酒(成品酒取水量)*</td><td>m^3/kL</td><td>6</td></tr>
<tr><td>72</td><td rowspan="2">啤酒*</td><td>m^3/kL</td><td>6.0</td><td>现有企业</td><td rowspan="2">参考《取水定额　第 6 部分：啤酒制造》(GB/T 18916.6—2012)(现有企业指 2001 年 1 月 1 日前建成投产的企业；新建企业指 2001 年 1 月 1 日后新建、改建、扩建的企业)</td></tr>
<tr><td>73</td><td>m^3/kL</td><td>5.5</td><td>新建企业</td></tr>
</table>

续表

序号	行业代码	行业类别	产品	单位	定额值	说明	
74	151	酒的制造	黄酒	m^3/t	10		
75			饮料酒	m^3/t	15		
76	152	饮料制造	碳酸饮料*	m^3/t	3.6	现有企业	参考《饮料制造业取水定额》(QB/T 2931—2008)(现有企业指2001年1月1日前建成投产的企业;新建企业指2001年1月1日后新建、改建、扩建的企业)
77				m^3/t	2.8	新建企业	
78			纯净水*	m^3/t	3.4	现有企业	
79				m^3/t	2.5	新建企业	
80			果汁饮料*	m^3/t	5.0	现有企业	
81				m^3/t	3.0	新建企业	
82			乳酸饮料*	m^3/t	8.0	现有企业	
83				m^3/t	6.0	新建企业	
84			咖啡饮料*	m^3/t	8.5	现有企业	
85				m^3/t	6.0	新建企业	
86			茶叶	m^3/t	215		
87	161	烟叶复烤	片烟	m^3/箱	0.5		
88	162	卷烟制造	卷烟	m^3/箱	1.6		
89	169	其他烟草制品制造	烟丝	m^3/t	65		
90	171	棉纺织及印染精加工	长丝(涤纶)	m^3/t	31		
91			长丝(锦纶)	m^3/t	12		

续表

序号	行业代码	行业类别	产品	单位	定额值	说明	
92	71	棉纺织及印染精加工	短纤维（涤纶）	m^3/t	22		
93			棉布*	m^3/百米	3.0	现有企业	参考《取水定额　第4部分：纺织染整产品》(GB/T 18916.4—2012)(现有企业指1998年7月1日前建成投产的企业；新建企业指1998年7月1日后起建成的新建、改建、扩建的企业或生产线)
94				m^3/百米	2.0	新建企业	
95			棉纱*	m^3/t	150	现有企业	
96				m^3/t	100	新建企业	
97			牛仔布	m^3/万米	35		
98			棉布印染	m^3/百米	3.5		
99			色织布	m^3/百米	3.6		
100			印染布	m^3/百米	2.5		
101	172	毛纺织及染整精加工	洗毛	m^3/t	30		
102			毛粗纺	m^3/百米	18.5		
103			羊毛纱、混纺纱	m^3/t	80		
104			毛精纺	m^3/百米	6		
105	173	麻纺织及染整精加工	麻纺	m^3/t	700		
106	174	丝绢纺织及印染精加工	丝帜	m^3/百米	55		
107			印染丝绸	m^3/百米	3.5		
108	175	化纤织造及印染精加工	化纤棉	m^3/万码	3.39		
109			化纤印染布	m^3/百米	2.5		
110			绒线	m^3/t	70		
111	176	针织或钩针编织物及其制品织造	针织布	m^3/t	146		

续表

序号	行业代码	行业类别	产品	单位	定额值	说明
112	177	家用纺织制成品织造	床单（巾被）	m^3/百条	80	
113			床上用品	m^3/万套	750	
114			毛巾	m^3/万条	425	
115			毛毯	m^3/万条	1850	
116	178	非家用纺织制成品织造	粘胶纤维	m^3/t	160	
117			帆布	m^3/百米	2.5	
118	181	机织服装织造	服装水洗	m^3/万件	445	
119			成衣	m^3/万件	115	
120			内衣裤	m^3/万件	37	
121			西服	m^3/万套	132	
122	182	针织或钩针编织服装织造	毛衣	m^3/万件	250	
123			针织服装	m^3/万件	175	
124	183	服饰织造	袜子	m^3/万双	350	
125			尼龙丝袜、尼龙丝	m^3/万打	65	
126	191	皮革鞣制加工	牛皮革	m^3/张	1	
127			猪皮革	m^3/张	0.5	
128	192	皮革制品制造	皮衣	m^3/万件	2250	
129			手袋	m^3/万个	125	
130			皮带	m^3/万条	60	
131	194	羽毛（绒）加工及制品制造	羽绒服	m^3/万件	750	
132	195	制鞋业	皮鞋	m^3/万双	375	
133			塑料鞋底	m^3/万双	245	
134			布胶鞋	m^3/万双	520	
135			全胶鞋	m^3/万双	1040	
136			橡胶鞋底	m^3/万双	32	

续表

序号	行业代码	行业类别	产品	单位	定额值	说明	
137	201	木材加工	木材加工	m^3/m^3	0.02		
138	202	人造板制造	胶合板	m^3/m^3	8.1		
139			三合板	m^3/m^3	4.9		
140			中密度板	m^3/m^3	1		
141			纤维板	m^3/m^3	8.1		
142			刨花板	m^3/m^3	5		
143	203	木制品制造	日用木制品	m^3/m^3	0.02		
144	204	竹、藤、棕、草等制品制造	藤竹制品	m^3/百件	60		
145	211	木质家具制造	木质家具	m^3/百件	60		
146	212	竹、藤家具制造	竹、藤家具	m^3/百件	60		
147	213	金属家具制造	钢木家具	m^3/百件	20		
148	214	塑料家具制造	塑料制品	m^3/百件	60		
149	219	其他家具制造	床垫	m^3/百件	20		
150	221	纸浆制造	漂白化学木(竹)浆*	m^3/t	90	现有企业	参考《取水定额 第5部分：造纸产品》(GB/T 18916.5—2012)(现有企业指1998年1月1日前建成投产的企业；新建企业指1998年1月1日起建成的新建、改建、扩建的企业或生产线)
151				m^3/t	70	新建企业	
152			本色化学木(竹)浆*	m^3/t	60	现有企业	
153				m^3/t	50	新建企业	
154			漂白化学非木(麦草、芦苇、甘蔗渣)浆*	m^3/t	130	现有企业	
155				m^3/t	100	新建企业	
156			脱墨废纸浆*	m^3/t	30	现有企业	
157				m^3/t	25	新建企业	

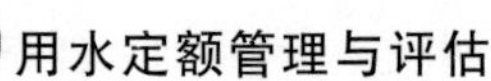

续表

<table>
<tr><th>序号</th><th>行业代码</th><th>行业类别</th><th>产品</th><th>单位</th><th>定额值</th><th colspan="2">说　　明</th></tr>
<tr><td>158</td><td rowspan="4">221</td><td rowspan="4">纸浆制造</td><td rowspan="2">未脱墨废纸浆*</td><td>m³/t</td><td>20</td><td>现有企业</td><td rowspan="14">参考《取水定额　第5部分：造纸产品》(GB/T 18916.5—2012)(现有企业指1998年1月1日前建成投产的企业；新建企业指1998年1月1日起建成的新建、改建、扩建的企业或生产线)</td></tr>
<tr><td>159</td><td>m³/t</td><td>20</td><td>新建企业</td></tr>
<tr><td>160</td><td rowspan="2">机械木浆*</td><td>m³/t</td><td>35</td><td>现有企业</td></tr>
<tr><td>161</td><td>m³/t</td><td>30</td><td>新建企业</td></tr>
<tr><td>162</td><td rowspan="10">222</td><td rowspan="10">造纸</td><td rowspan="2">新闻纸*</td><td>m³/t</td><td>20</td><td>现有企业</td></tr>
<tr><td>163</td><td>m³/t</td><td>16</td><td>新建企业</td></tr>
<tr><td>164</td><td rowspan="2">印刷书写纸*</td><td>m³/t</td><td>35</td><td>现有企业</td></tr>
<tr><td>165</td><td>m³/t</td><td>30</td><td>新建企业</td></tr>
<tr><td>166</td><td rowspan="2">生活用纸*</td><td>m³/t</td><td>30</td><td>现有企业</td></tr>
<tr><td>167</td><td>m³/t</td><td>30</td><td>新建企业</td></tr>
<tr><td>168</td><td rowspan="2">箱板纸*</td><td>m³/t</td><td>25</td><td>现有企业</td></tr>
<tr><td>169</td><td>m³/t</td><td>22</td><td>新建企业</td></tr>
<tr><td>170</td><td rowspan="2">瓦楞原纸*</td><td>m³/t</td><td>25</td><td>现有企业</td></tr>
<tr><td>171</td><td>m³/t</td><td>20</td><td>新建企业</td></tr>
<tr><td>172</td><td rowspan="3">231</td><td rowspan="3">印刷</td><td>印刷品</td><td>m³/万印</td><td>0.9</td><td colspan="2"></td></tr>
<tr><td>173</td><td>PS印刷板</td><td>m³/万m²</td><td>567</td><td colspan="2"></td></tr>
<tr><td>174</td><td>铭板</td><td>m³/t</td><td>40</td><td colspan="2"></td></tr>
<tr><td>175</td><td rowspan="3">241</td><td rowspan="3">文教办公用品制造</td><td>铁制公文柜</td><td>m³/百件</td><td>20</td><td colspan="2"></td></tr>
<tr><td>176</td><td>蜡笔</td><td>m³/t</td><td>4.3</td><td colspan="2"></td></tr>
<tr><td>177</td><td>水彩、水彩笔</td><td>m³/t</td><td>13</td><td colspan="2"></td></tr>
</table>

续表

序号	行业代码	行业类别	产品	单位	定额值	说明	
178	243	工艺美术品制造	椰棕地毯	m^3/万 m^2	106		
179			人造宝石首饰	m^3/t	18.2		
180			五金首饰	m^3/万打	16.7		
181			塑料花	m^3/打	0.25		
182	244	体育用品制造	羽毛球	m^3/万个	38.0		
183			乒乓球板	m^3/万个	143		
184			乒乓球球台	m^3/付	1.85		
185	245	玩具制造	塑料玩具	m^3/t	12		
186			童车	m^3/量	0.44		
187	251	精炼石油产品制造	原油加工	m^3/t	0.75	现有企业	参考《取水定额　第3部分：石油炼制》（GB/T 18916.3—2012）（现有企业指1997年12月31日前建成投产的企业；新建企业指1998年1月1日起建成的新建并投产的企业）
188				m^3/t	0.6	新建企业	
189			天然气	m^3/t	15		
190			塑料增型剂	m^3/t	7.3		
191			乙烯（不含煤制烯烃）	m^3/t	15	现有企业	参考《取水定额　第13部分：乙烯生产》（GB/T 18916.13—2012）（现有企业指1997年12月31日前建成投产的企业；新建企业指1998年1月1日起建成的新建并投产的企业）
192				m^3/t	12	新建企业	
193	252	炼焦	沥青	m^3/t	1.14		
194	261	基础化学原料制造	硫酸*	m^3/t	4.5	硫铁矿制酸	参考《硫酸取水定额》（HG/T 4186—2011）
195				m^3/t	3.5	硫磺制酸	

续表

序号	行业代码	行业类别	产品	单位	定额值	说明
196	261	基础化学原料制造	盐酸	m^3/t	10.5	
197			纯碱*	m^3/t	15	氨碱法；参考《纯碱取水定额》(HG/T 3998—2008)
198				m^3/t	22	联碱法
199			轻质碳酸钙	m^3/t	1.7	
200			硅酸钠	m^3/t	3.12	
201			磺酸	m^3/t	1.4	
202			乙炔气	m^3/t	2	
203			硅胶	m^3/万 t	39	
204			立德粉	m^3/t	21	
205			钛白粉	m^3/t	140	
206			苯酐	m^3/t	37	
207			氧气	m^3/t	2	
208			液氯	m^3/t	9	
209	262	肥料制造	合成氨*	m^3/t	13	天然气；参考《取水定额　第8部分：合成氨》(GB/T 18916.8—2012)
210				m^3/t	27	煤
211			尿素	m^3/t	24	
212			磷肥	m^3/t	15	
213			普钙	m^3/t	2.6	
214			复合肥	m^3/t	0.8	
215	263	农药制造	农药	m^3/t	200	
216	264	涂料、油墨、颜料及类似产品制造	油漆	m^3/s	22	
217			白乳胶	m^3/s	5.7	
218			涂料	m^3/s	6.9	
219			粉末涂料	m^3/s	1.3	
220			白油	m^3/s	1.08	
221			油墨	m^3/s	15.3	
222			石蜡	m^3/s	6.44	
223			酞菁蓝	m^3/s	7.9	

续表

序号	行业代码	行业类别	产品	单位	定额值	说明
224	265	合成材料制造	聚酯切片	m^3/t	51	
225			双氧树脂	m^3/t	135	
226			聚酯切片	m^3/t	3.6	
227			发泡性聚苯乙烯	m^3/t	2.24	
228			合成乳胶	m^3/t	3.3	
229			乳胶片	m^3/t	52	
230			浓缩胶乳、固体生胶	m^3/t	5.7	
231			制胶	m^3/t	38	
232			有机玻璃	m^3/t	230	
233	266	专用化学产品制造	黏合剂	m^3/t	156	
234			照相纸、感光胶片	m^3/t	1.8	
235			空调制冷剂	m^3/t	4.11	
236	267	炸药、火工及焰火产品制造	烟花、爆竹	m^3/t	17	
237	268	日用化学产品制造	肥皂(固)	m^3/t	40	
238			香皂	m^3/t	21	
239			洗衣粉	m^3/t	20	
240			洗涤剂	m^3/t	6.9	
241			洗发水	m^3/t	0.7	
242			化妆品	m^3/t	37	
243			牙膏	m^3/t	2.5	
244			鞋油(液)	m^3/万支	1.3	
245			鞋油(固)	m^3/万支	0.2	
246	271	化学药品原料药制造	格列吡嗪	m^3/kg	31	
247			医用原料	m^3/t	136	
248			红霉素	m^3/公斤	19.7	

续表

序号	行业代码	行业类别	产品	单位	定额值	说　明
249	272	化学药品制剂制造	药膏（10g）	m^3/万支	17	
250			片剂（10mg）	m^3/万片	1.9	
251			阿奇霉素	m^3/万片	2	
252			头孢拉啶	m^3/万粒	5.5	
253			胶囊	m^3/万粒	1	
254			大输液（500mL）	m^3/万瓶	450	
255			制剂	m^3/万瓶	55	
256			霜剂	m^3/万支	12	
257			针剂（10mL）	m^3/万支	23	
258	274	中成药生产	口服液（10mL）	m^3/万支	15.6	
259			药酒	m^3/万瓶	8	
260			片剂	m^3/万片	4.5	
261			胶囊剂	m^3/t	65	
262			浓缩丸剂	m^3/t	305	
263			中成药	m^3/t	68	
264	275	兽用药品制造	安乃近（10mL）	m^3/万支	6.8	
265			庆大霉素（5mL）	m^3/万支	42	
266			上兽多维	m^3/t	110	
267	276	生物药品制造	生化药	m^3/t	264	
268	281	纤维素纤维原料及纤维制造	化纤浆粕	m^3/t	195	
269			醋酸纤维（烟用丝束）	m^3/t	37.9	
270			化学纤维	m^3/t	20	
271			化纤布	m^3/t	5.75	
272	282	合成纤维制造	涤纶长丝	m^3/t	20	

续表

序号	行业代码	行业类别	产品	单位	定额值	说　明
273	291	橡胶制品业	轮胎	m^3/t	90	
274			力车胎	m^3/t	84	
275			翻新轮胎	m^3/条	1.3	
276			胶版	m^3/t	112.5	
277			输送带	m^3/万 m^2	340	
278			橡胶管	m^3/万标米	41	
279			导电橡胶按键	m^3/万片	0.75	
280			再生橡胶	m^3/t	19	
281			乳胶手套	m^3/万双	70	
282			橡胶	m^3/t	117	
283			乳胶	m^3/t	100	
284			颗料胶	m^3/t	180	
285			干胶	m^3/t	200	
286			橡胶杂品	m^3/t	131	
287			帆布制品	m^3/万 m	70	
288	292	塑料制品业	塑料薄膜	m^3/t	14	
289			彩印膜	m^3/t	30.85	
290			电容薄膜	m^3/t	69	
291			农膜管材	m^3/t	3	
292			PVC 塑料品	m^3/t	13.3	
293			给排、水管件	m^3/t	12.5	
294			塑料编织袋	m^3/t	50	
295			水泥包装袋	m^3/t	20	
296			胶袋	m^3/t	13	

续表

序号	行业代码	行业类别	产品	单位	定额值	说明
297	292	橡料制品业	泡沫制品	m^3/万元	44	
298			聚苯乙烯	m^3/t	12.5	
299			塑料桶	m^3/t	13	
300			塑料杂品	m^3/t	13.5	
301			童车塑料零件	m^3/t	11	
302			注塑零件	m^3/t	12.5	
303			塑料制品	m^3/t	30	
304	301	水泥、石灰和石膏制造	普通水泥	m3/t	1.2	
305	302	石膏、水泥制品及类似制品制造	电杆	m^3/根	2	
306			电线杆	m^3/条	1.37	
307			水泥管桩	m^3/m	0.14	
308			方桩	m^3/m	0.01	
309			PHC 管桩	m^3/m	0.19	
310			混凝土制品	m^3/m^3	1.53	
311			混凝土	m^3/m^3	1.46	
312			189mm石棉水泥管	m^3/标米	0.34	
313			石棉水泥瓦	m^3/张	0.18	
314			石棉制品	m^3/t	30.5	
315	303	砖瓦、石材等建筑材料制造	红标砖	m^3/万块	12	
316			墙地砖	m^3/万 m^2	500	
317			花岗石	m^3/m^2	6.8	
318	304	玻璃制造	浮法玻璃	m^3/t	3.77	
319			平板玻璃	m^3/重箱	0.8	

续表

序号	行业代码	行业类别	产品	单位	定额值		说　明
320	305	玻璃制品制造	彩管玻壳屏	m^3/只	0.11		
321			彩管玻壳锥	m^3/只	0.12		
322			日用玻璃	m^3/t	6.3		
323			保温瓶	m^3/只	0.12		
324	306	玻璃纤维和玻璃纤维增强塑料制品制造	玻璃钢	m^3/t	96		
325			玻璃钢冷却塔	m^3/台	7.6		
326			黑钢玉	m^3/t	37.5		
327	307	陶瓷制品制造	电子陶瓷	m^3/万只	580		
328	308	耐火材料制品制造	耐火器材	m^3/万元	43.2		
329	311	炼铁	生铁*	m^3/t	4.9	现有企业	参考《取水定额　第2部分:钢铁联合企业》GB/T 18916.2—2012(现有企业指1998年1月1日前建成投产的企业或生产线;新建企业指1998年1月1日起新建、扩建、改建成投产的企业或生产线)
330				m^3/t	4.5	新建企业	
331	312	炼钢	钢*	m^3/t	7	现有企业	
332				m^3/t	4.5	新建企业	
333	314	钢压延加工	钢材、钢板、钢管*	m^3/t	7	现有企业	
334				m^3/t	4.5	新建企业	
335	315	铁合金冶炼	钢铸造	m^3/t	10		
336	321	常用有色金属冶炼	阴极铜	m^3/t	10.35		
337			铅	m^3/t	8		
338			锌	m^3/t	17.5		
339			精锑、锑白粉	m^3/t	39.5		
340			铝材	m^3/t	23		

续表

序号	行业代码	行业类别	产品	单位	定额值	说　明
341	323	稀有稀土金属冶炼	氟钽酸钾	m^3/kg	0.75	
342			氧化铌	m^3/kg	0.73	
343			氧化钇、氧化铕	m^3/t	264	
344			钐、镝、铽	m^3/t	68.85	
345	324	有色金属合金制造	合金材料	m^3/t	260	
346	326	有色金属压延加工	铜线材	m^3/t	46	
347			紫黄铜管	m^3/t	54	
348			黄铜带板	m^3/t	55	
349			铝带	m^3/t	18	
350			铝箔	m^3/t	8.15	
351			铝异型材制品	m^3/t	6.2	
352			锌、铝压延加工	m^3/t	25	
353			钼压延加工	m^3/t	25	
354			锡板	m^3/t	55	
355	331	结构性金属制品制造	建筑钢板	m^3/t	2	
356			钢管	m^3/t	2.6	
357			衬塑镀锌钢管	m^3/t	14.5	
358			高频焊管、热浸镀锌管	m^3/t	8.5	
359			钢门	m^3/t	2.6	
360			防盗门	m^3/档	1.3	
361	332	金属工具制造	拉削刀具	m^3/万件	800	
362			轧辊	m^3/万支	1.64	
363			工具	m^3/万件	240	
364			钳	m^3/万把	135	
365			小刀	m^3/万打	316	
366			铁镬	m^3/万只	95.5	
367			五金产品	m^3/t	4.1	

续表

序号	行业代码	行业类别	产品	单位	定额值	说明
368	333	集装箱及金属包装容器制造	易拉罐	m^3/万罐	3.7	
369	334	金属丝绳及其制品制造	圆钉	m^3/t	1.9	
370	335	建筑、安全用金属制品制造	水龙头	m^3/万套	130	
371	336	金属表面处理及热处理加工	金属五金电镀	m^3/t	6	
372			烤漆	m^3/万套	103.3	
373			小五金镀件	m^3/万件	56.9	
374	338	金属制日用品制造	菜刀	m^3/万把	153.5	
375			厨具	m^3/万件	16.5	
376			卷闸门	m^3/档	1.3	
377			电焊条	m^3/t	3.8	
378	341	锅炉及原动设备制造	锅炉	m^3/蒸 t	170	
379			柴油机	m^3/台件组	58.1	
380	342	金属加工机械制造	冲床	m^3/台	65	
381	343	物料搬运设备制造	起重设备	m^3/台	320	
382	344	泵、阀门、压缩机及类似机械制造	压缩机	m^3/台	25	
383			阀门	m^3/t	110	
384			轴瓦、活塞环	m^3/万片	869.5	
385	345	轴承、齿轮和传动部件制造	轴承	m^3/万套	146	
386			变速箱	m^3/台	3	
387			齿轮	m^3/万件	13	
388			工业链轮	m^3/万套	13.25	
389	274	文化、办公用机械制造	照相机	m^3/万台	525	
390			复印机	m^3/台	0.4	
391			复印机滚子	m^3/万根	505.5	

续表

序号	行业代码	行业类别	产品	单位	定额值	说　明
392	348	通用零部件制造	弹簧	m^3/万件	85	
393			压铸件	m^3/t	59	
394			铸铁件	m^3/t	12.5	
395			标准件	m^3/万件	15	
396	351	采矿、冶金、建筑专用设备制造	综合单耗	m^3/万元	41	
397	352	化工、木材、非金属加工专用设备制造	注塑机	m^3/台	99.9	
398			木工机械	m^3/台	19.5	
399	353	食品、饮料、烟草及饲料生产专用设备制造	饼干设备、包装机械	m^3/套	111.25	
400			脱粒机	m^3/台	11	
401	355	纺织、服装和皮革加工专用设备制造	综合单耗	m^3/万元	56	
402	357	农、林、牧、渔专用机械制造	小型拖拉机	m^3/辆	40	
403	358	医疗仪器设备及器械制造	心电图机	m^3/台	1.1	
404	359	环保、社会公共服务及其他专用设备制造	综合单耗	m^3/万元	96	
405	361	汽车整车制造	轻型车	m^3/台	40	
406			轿车	m^3/辆	20	
407			大客车	m^3/台	62	
408	366	汽车零部件及配件制造	汽车齿轮	m^3/套	1.7	
409	373	船舶及相关装置制造	民用船舶	m^3/t	82	

续表

序号	行业代码	行业类别	产品	单位	定额值	说明
410	375	摩托车制造	摩托车	m^3/辆	20	
411			摩托车装配	m^3/辆	4.05	
412			摩托消声器	m^3/支	0.08	
413			摩托链轮	m^3/万套	13.3	
414	376	自行车制造	自行车装配	m^3/台	0.3	
415	379	潜水救捞及其他未列明运输设备制造	交通安全设备	m^3/百件	20	
416	381	电机制造	电动机	m^3/台	7.45	
417	382	输配电及控制设备制造	变压器	m^3/万 kW	562	
418			继电器	m^3/万元	50	
419			配电箱	m^3/百件	60	
420			低压柜	m^3/台	450	
421			低压开关	m^3/个	0.15	
422			电器开关、插座	m^3/万套	42.5	
423			电子开关	m^3/万个	6.09	
424			高压柜	m^3/台	495	
425			熔断器	m^3/箱	0.12	
426	383	电线、电缆、光缆及电工器材制造	电线电缆导体	m^3/t	22.7	
427			电线电缆	m^3/km	11.7	
428			布电线	m^3/km	2.5	
429			电缆	m^3/t	10.6	
430			视/音频线	m^3/万条	31.5	
431	384	电池制造	电池	m^3/万个	3.75	
432			蓄电池	m^3/万个	55	
433			蓄电池极片	m^3/t	85	

续表

序号	行业代码	行业类别	产品	单位	定额值	说明
434	385	家用电力器具制造	电冰箱	m^3/台	2.75	
435			中央空调	m^3/台	9	
436			空调	m^3/万台	409	
437			换气扇	m^3/万台	400	
438			风扇	m^3/万台	409	
439			电饭煲	m^3/万台	409	
440			热水器	m^3/万台	750	
441			微波炉	m^3/万台	300	
442	387	照明器具制造	灯泡	m^3/万只	40	
443			节能灯	m^3/万支	78	
444			应急灯	m^3/万支	121	
445			日光灯	m^3/万只	255	
446	391	计算机制造	计算机	m^3/台	24	
447	392	通信设备制造	电台	m^3/万台	60	
448			电话机	m^3/万台	180	
449			对讲机	m^3/万台	130	
450			传呼机	m^3/万台	105	
451	395	视听设备制造	彩电	m^3/台	0.1	
452			电子钟、收音机	m^3/万台	200	
453			气象收音机	m^3/万个	205	
454			汽车音响机芯	m^3/万台	93.25	
455			中档、高档音响	m^3/万台	1450	
456	396	电子器件制造	彩色显像管	m^3/只	1.1	
457			电子接插件	m^3/t	1250	

续表

序号	行业代码	行业类别	产品	单位	定额值	说明	
458	397	电子元件制造	电子元件	m^3/万台	11.5		
459			电子开关	m^3/万粒	4.15		
460			铜箔（电路板用）	m^3/t	374		
461			液晶显示屏偏光片	m^3/m^2	0.59		
462			锗二极管	m^3/万只	0.25		
463			电路板	m^3/m^2	3.65		
464	401	通用仪器仪表制造	电能表	m^3/百只	3		
465			综合单耗	m^3/万元	68		
466	403	钟表与计时仪器制造	手表	m^3/万个	81		
467	411	日用杂品制造	毛刷	m^3/万把	27.5		
468			雨伞	m^3/万把	232.5		
469			灭火器	m^3/万具	15		
470			拉链	m^3/t	45		
471	441	电力生产	火电（循环冷却）*	m^3/(MW·h)	3.20	单机容量＜300MW	对热电联产发电企业、配备湿法脱硫系统且采用直流冷却或空气冷却的发电企业，参考《取水定额 第1部分：火力发电》GB/T 18916.1—2012有关要求适当增加取水量
472				m^3/(MW·h)	2.75	单机容量300MW	
473				m^3/(MW·h)	2.40	单机容量600MW级以上	
474			火电（直流冷却）（不含用于凝汽器及其他换热器冷却水）	m^3/(MW·h)	0.79	单机容量＜300MW	
475				m^3/(MW·h)	0.54	单机容量300MW	
476				m^3/(MW·h)	0.46	单机容量600MW级以上	
477			火电（直流冷却）（含用于凝汽器及其他换热器冷却水）	m^3/(MW·h)	150	单机容量＜300MW	
478				m^3/(MW·h)	140	单机容量300MW	
479				m^3/(MW·h)	130	单机容量600MW级以上	
480			火电（海水循环淡水利用）	m^3/(MW·h)	0.8		

续表

序号	行业代码	行业类别	产品	单位	定额值	说　　明
481	450	燃气生产和供应业	液化石油气供应	m^3/t	3.2	

五、城镇公共服务业和建筑业用水定额编制

（一）用水调查

1. 城市生活用水调查的对象

此次调查工作主要针对海口市和三亚市进行。调查工作涉及城市生活中公共用水的主要方面，如商业、医院、学校、旅馆、机关办公楼等，近40个单位（表3.3－3）。

表3.3－3　　海南省城镇公共用水定额统计表

序号	行业代码	行业类别	名称	单位	定额值	备　注
1	470	房屋建筑业	新建住宅	m^3/m^2	1	以建筑面积为基数，为综合定额值
2			新建厂房	m^3/m^2	1.5	
3			新建写字楼和综合楼	m^3/m^2	1.5	
4	501	建筑装饰业	房屋维修	m^3/m^2	0.5	
5			水磨石地面	m^3/m^2	1.5	
6	509	其他未列明建筑业	混凝土构件	m^3/m^2	3	
7	521	综合零售	商场	$L/(m^2 \cdot d)$	10	
8	533	铁路运输辅助活动	候车室	L/(人·d)	0.5	
9	544	道路运输辅助活动	候车室	L/(人·d)	0.5	
10	553	水上运输辅助活动	候船室	L/(人·d)	0.5	
11	563	航空运输辅助活动	候机室	L/(人·d)	0.5	
12	611	旅游饭店	五星级	L/(床·d)	1200	以床位数量为基数，为综合定额值
13			三星、四星级	L/(床·d)	1000	
14			一星、二星级	L/(床·d)	600	
15	619	其他住宿业	招待所	L/(床·d)	400	

续表

序号	行业代码	行业类别	名称	单 位	定额值	备 注
16	621	正餐服务	正餐	L/(m^2·d)	50	以营业面积为基数，为综合定额值
17	622	快餐服务	快餐	L/(m^2·d)	80	
18	623	饮料及冷饮服务	茶饮	L/(m^2·d)	30	
19	781	市政设施管理	浇洒道路	L/(m^2·次)	2	
20	782	环境卫生管理	公厕	L/(人·次)	15	
21	783	城乡市容管理	菜市场	L/(m^2·d)	15	
22	784	绿化管理	绿化	L/(m^2·次)	4	以公共绿化面积为基数，为综合定额值
23	793	洗染服务	洗衣房	L/kg	60	干衣物
24	794	理发及美容服务	理发	L/(人·次)	15	
25	795	洗浴服务	职工浴室	L/(人·班)	50	
26	801	汽车、摩托车修理与维护	摩托车	L/(辆·次)	10	
27			小车	L/(辆·次)	250	
28			公共汽车、载重汽车	L/(辆·次)	400	
29			修理汽车	L/(辆·次)	447	
30	821	学前教育	有住宿	L/(人·d)	150	以在园孩了人数为基数，为综合定额值
31			无住宿	L/(人·d)	80	
32	822	初等教育	有住宿	L/人 od	180	以在校学生人数为基数，为综合定额值
33			无住宿	L/(人·d)	50	
34	823	中等教育	有住宿	L/(人·d)	180	
35			无住宿	L/(人·d)	50	
36	824	高等教育	有住宿	L/(人·d)	220	
37			无住宿	L/(人·d)	50	
38	831	医院	病房	L/(床·d)	600	以医院床位数为基数，为综合定额值
39	833	门诊部(所)	门诊	L/(人·d)	50	

续表

序号	行业代码	行业类别	名称	单 位	定额值	备 注
40	865	电影放映	电影院	L/(观众·场)	8	
41	872	艺术表演场馆	剧院	L/(观众·场)	15	
42	882	体育场馆	游泳池	水池容积/d	15%	
43			运动员	L/(人·次)	60	
44			观众	L/(人·次)	3	
45	891	室内娱乐活动	歌舞厅、卡拉OK厅	L/(m^2·d)	8	
46	912	国家行政机构	党政机关、事业单位办公楼	L/(人·d)	80	以职工人数为基数,为综合定额值

2. 调查的主要内容

(1) 机关事业单位用水调查:单位名称、职工人数、办公用新水、食堂用水、绿化面积、绿化用水、洗车用水等内容。

(2) 宾馆、饭店、招待所用水量调查:单位名称、级别、客房类型、床位数、客房、餐饮、洗衣房、空调等用水情况。

(3) 医院用水量调查:医院名称、级别、床位数、医务人员数、门诊用水量、住院用水量等内容。

(4) 大专院校、中小学用水量调查:学校名称、级别、学生人数、教职工人数、住校人数、学生宿舍用水量、公共设施用水量等内容。

(5) 商店用水量调查:商店名称、规模、职工人数、年营业额、年用水量等。

(6) 绿化、环卫用水量调查:单位名称、绿地面积、道路面积、年用水量等。

3. 调查的形式和方法

发放表格抽样调查,调查表格力求简洁易懂,方便填写。

4. 调查结果分析

本次收集到2475家商业用水户资料,与工业用水调查一样,也必须对众多相关因素进行分析,要从中平衡、优选出科学、合理地制定定额指标的基本数据。首先是分析偏高、偏低的数值，剔除误差所造成的异常值。其次对于确定符合实际情况的波动，要分析造成波动的具体原因。影响城市公共设施用水的主观原因主要是被调查单位的用水管理水平，对主观因素的平衡办法一般是取平均值，以便更真实地反映城市公共设施实际用水水平。

（二）城镇公共用水定额制定

城市公共生活行业用水涉及范围广，分类复杂，而且影响因素较多，制定定额的关键是要在合理性和可操作性之间，也就是确定主要影响因素和方便用水管理、下达用水指标之间实现一种平衡。

首先是分析主要影响因素，影响公共设施用水量的因素可能相当多，千差万别。但对某一类公共设施来说，其主要的影响因素，是比较容易确定的。其次，要了解该类公共设施的主要因素中，哪一个因素是便于统计、管理、核实的，只有找到这样的指标，定额管理才能有一个切入点，才有可操作性。有时可能要在几个指标中进行平衡、优选。为便于管理，不宜采用较复杂的指标体系。

接下来要对基本数据进行分析计算，剔除异常值。基本方法是对典型调查的数据取其算术平均值和二次平均法，在此基础上，考虑各地用水实际情况、节水水平以及外省相关成果，确定海南省城镇公共生活用水定额值。

1. 机关事业单位

（1）调查内容。本次收集到 20 家党政机关、事业单位用水量资料，经过调查分析，机关事业单位的用水主要是办公用水、食堂用水、清扫洗涤、饮用、洗车用水及少量绿化用水。

（2）定额确定。经统计分析，机关事业单位人均日用水量为 78L。目前《海南省工业及城市用水定额》（2015 年）公布的数据结果为 80L/(人·d)。通过与国内同行业用水定额对比分析，将沿用《海南省工业及城市用水定额》（2015 年）的数据 80L/(人·d)。

2. 宾馆、普通旅馆、招待所

（1）调查内容。本次收集五星级宾馆 15 家、四星级宾馆 25 家、三星级宾馆 10 家，招待所 1 家用水量资料，经统计分析，五星级宾馆用水量为 1101L/(床·d)，四星级宾馆为 950L/(床·d)，一般旅馆为 600L/(床·d)。

(2) 定额确定。目前《海南省工业及城市用水定额》(2015 年)制定的定额：宾馆 800～1800L/(人·d)，普通旅馆 600L/(人·d)，招待所 400L/(人·d)。通过与国内同行业用水定额对比分析，建议海南省宾馆、普通旅馆按五星、三四星及一二星级划分定额。

3. 医院

(1) 调查内容。医院用水定额主要按病床划分规模，病床越多，用水定额越大。本次收集 5 家大型医院用水量，经统计分析，病房用水量为 655L/(床·d)。

(2) 定额确定。《海南省工业及城市用水定额》(2015 年) 制定的病房用水定额为 600L/(床·d)，门诊 50L/(人·d)。通过与国内同行业用水定额对比分析，并结合海南省医院用水情况，将沿用《海南省工业及城市用水定额》(2015 年) 用水定额值。

4. 教育业

(1) 调查内容。海南省教育用水定额是按照高等教育、高中教育、初中教育和学前教育划分，并分为有住宿和无住宿两种用水定额。本次收集到高等教育 4 家、高中和初中教育 10 家用水量资料。经统计分析，高等教育有住宿用水量为 250L/(人·d)，高中、初中有住宿用水量为 143L/(人·d)，无住宿为 44L/(人·d)。

(2) 定额确定。《海南省工业及城市用水定额》(2015 年) 制定的高等教育用水定额有住宿为 220L/(床·d)，无住宿为 50L/(床·d)；高中、初中用水定额有住宿为 180L/(床·d)，无住宿为 50L/(床·d)；学前教育有住宿为 150L/(床·d)，无住宿为 80L/(床·d)。通过与实际用水情况及国内同行业用水定额对比分析，将沿用《海南省工业及城市用水定额》(2015 年) 制定的教育用水定额。

5. 餐饮业

(1) 调查内容。海南省餐饮业用水定额是按照正餐、快餐和茶馆划分。本次收集到酒楼、餐馆 12 家及快餐厅 5 家和食堂 2 家用水量资料。经统计分析，正餐用水量为 52.3L/(m^2·d)，快餐用水量为 100L/(m^2·d)。

(2) 定额确定。《海南省工业及城市用水定额》(2015 年) 制定的正餐用水定额有为 50L/(m^2 · d)，快餐为 80L/(m^2 · d)，茶饮为 30L/(m^2 · d)。通过与实际用水情况及国内同行业用水定额对比分析，将延用《海南省工业及城市用水定额》(2015 年) 制定的餐饮业用水定额。

(三) 建筑业用水定额制定

建筑用水定额主要受建筑结构、建筑面积、采用建筑材料等因素影响。本次收集到海口、三亚建筑公司、房地产公司用水量，但未收集到新建房屋工程等施工面积，考虑到海南省建筑业用水量占全省用水量的比例不足 2%，本次将以海南省连续 5 年水资源公报和统计公报公布的历年建筑用水量和新建工程施工面积分析建筑业用水量。经统计分析，海南省新建工程用水量为 1.01m^3/m^2。

海南省制定的建筑行业用水定额产品划分较细，其中新建住宅用水定额为 1m^3/m^2，与实际用水情况相符，其次通过与国内其他省市建筑用水定额对比分析，《海南省工业及城市用水定额》(2015 年) 制定的服务业用水定额值较合理，将延用其制定的用水定额值。

六、居民生活用水定额编制

(一) 用水调查

随着城市化进程的加快，城市自来水普及率较高，城市人口增大，城市生活用水水平提高，城市生活用水在城市用水中所占比重较大，尤其是海口和三亚等地级市，城市生活用水量占到 30%～50%，是整个城市供水的重要组成部分，生活排污也成为水污染的主要组成部分。通过城市生活用水调查，充分掌握城市生活用水的规律和特点，对制定定额有着重要意义。

典型用水单位的调查按地级市、县级市分别选择有代表性的城市进行重点调查。地级市选择海口、三亚，县级市选择儋州等。

本次工作立足于对各类用户的实地调查，以便比较准确地了解整个城市的生活用水情况。

在具体调查时，对每一个行业分类用水选择几个典型单位进行调查，调查时把事先制定的调查询问表发放给各行业的单位，填写收回后整理分析，删除填写不全无法计算定额及明显不合理的表格，对一些没有直接填写但可以推算的项目推算后补充上再进行定额计算。

本次共收集到海口、三亚、儋州3个居民住宅3年逐月用水资料。

（二）居民生活用水定额制定

1. 城市居民生活用水定额制定

通过分析用水户和用水总量的调查数据，采用相关分析方法，从调查资料中选取具有代表性的资料，剔除调查资料中的极值，进行分析计算得出，海南省特大城市居民住宅用水量为226L/(人·d)，大城市居民住宅用水量为220L/(人·d)。通过与实际情况及珠江流域其他省份用水定额对比分析，将沿用《海南省工业及城市用水定额》（2015年）制定城市居民生活用水定额，见表3.3-4。

表3.3-4　　海南省居民生活用水定额　　单位：L/(人·d)

分类	地区类别	定额值	备注
城镇居民生活用水	特大城市	220	非农人口大于100万人
	大城市	200	非农人口50万～100万人
	中等城市	180	非农人口20万～50万人
	小城市	140	非农人口20万以下
农村居民生活用水定额		110	

考虑到城镇化建设和美丽乡镇的进展，量大面广的乡镇供水排水基础设施建设，也需要切合实际的居民生活用水定额作为建设依据。根据收集到的海南2012—2014年供水资料，补充海南省小城市用水定额为140L/(人·d)。

2. 农村居民生活用水定额制定

根据调研，2015年海南省农村自来水规模40万t/d，农村自来水普及率84%，农村自来水人口500万人，合计农村居民用水定额为95L/(人·d)。根据《海南省经济社会发展分析及水资源需求预测》（2003年），海南省2020年农村居民用水定额为106L/(人·d)，2030年为110L/(人·d)。随着农村经济的发展，农村生活需水定额呈持续增长态势，考虑到用水定额使用期限及相似气候省份制定的农村居民生活用水定额，确定海南省农村居民生活用水定额为110L/(人·d)。

第四章

用水定额规范性评估

第一节　评估地区基本情况

一、广西壮族自治区

（一）行政区划

广西壮族自治区地处祖国南疆，位于东经104°28′～112°4′、北纬20°54′～26°24′之间，北回归线横贯中部。东连广东省，南临北部湾并与海南省隔海相望，西与云南省毗邻，东北接湖南省，西北靠贵州省，西南与越南社会主义共和国接壤。行政区域土地面积23.76万km^2，管辖北部湾海域面积约4万km^2。

根据2016年《广西壮族自治区统计年鉴》，截止到2014年年末，全省共划分了14个地级市、7个县级市、55个县、12个自治县、36个市辖区。广西壮族自治区行政区划见表4.1－1。从市镇人口密度看，人口密度较大的是南宁、柳州、桂林、玉林等地。从经济状况看，经济较发达的地市包括南宁、柳州、来宾、北海、钦州。

（二）社会经济发展概况

1. 经济增长及人口

根据2016年《广西壮族自治区统计年鉴》，2015年全区生产总值（GDP）16803.12亿元，比上年增长8.1%。其中，第一产业增加值2565.97亿元，增长4.0%；第二产业增加值7694.74亿元，增长8.1%；

表 4.1-1　　广西壮族自治区行政区划

市别	地级市	县级市	县	自治县	市辖区
南宁	1		6		6
柳州	1		4	2	4
桂林	1		9	2	6
梧州	1	1	3		3
北海	1		1		3
防城港	1	1	1		2
钦州	1		2		2
贵港	1	1	1		3
玉林	1	1	4		2
百色	1		10	1	1
贺州	1		2	1	1
河池	1	1	4	5	1
来宾	1	1	3	1	1
崇左	1	1	5		1
全省	14	7	55	12	36

第三产业增加值 6542.41 亿元，增长 9.7%。第一、第二、第三产业增加值占地区生产总值的比重分别为 15.3%、45.8%和 38.9%，对经济增长的贡献率分别为 6.7%、51.4%和 41.9%。按常住人口计算，人均地区生产总值 35190 元。

2014 年末广西壮族自治区户籍总人口 5518 万人，比上年末增加 43 万人。年末常住人口 4796 万人，比上年末增加 42 万人，其中城镇人口 2257 万人。全年出生人口 71.6 万人，出生率 14.05‰；死亡人口 30 万人，死亡率 6.15‰；自然增长率 7.90‰。

2. 农业

根据 2016 年《广西壮族自治区统计年鉴》，广西全年粮食种植面积 $3059.3\times10^3hm^2$，比上年减少 $8.4\times10^3hm^2$，减少 0.3%。油料种植面积 $248.35\times10^3hm^2$，增加 $11.26\times10^3hm^2$；甘蔗种植面积 $973.74\times10^3hm^2$，减少 $107.8\times10^3hm^2$；蔬菜种植面积 $1220.99\times10^3hm^2$，增

加 58.52×10^3hm^2；木薯种植面积 213.28×10^3hm^2，减少 10.81×10^3hm^2；果园面积 1165.51×10^3hm^2，增加 77.01×10^3hm^2；桑园面积 201.38×10^3hm^2，增加 8.75×10^3hm^2。

全年粮食总产量 1524.8 万 t，比上年减少 9.6 万 t，减产 0.6%。其中，夏粮产量 37.0 万 t，增产 0.3%；早稻产量 528.8 万 t，减产 2.7%；秋粮产量 959.0 万 t，增产 0.5%。全年谷物产量 1422.4 万 t，比上年减产 0.9%，其中，稻谷产量 1137.8 万 t，减产 2.4%；玉米产量 280.7 万 t，增产 5.4%。油料产量 64.68 万 t，增长 5.5%；甘蔗产量 7504.92 万 t，下降 5.6%；蔬菜产量（含食用菌）2786.37 万 t，增长 6.8 %；园林水果产量 1369.76 万 t，增长 11.1%。

3. 工业

2015 年全部工业增加值 6065.3 亿元，比上年增长 10.1%。全年规模以上工业增加值增长 10.7%。在规模以上工业中，国有企业增长 2.5%，集体企业增长 12.4%，股份制企业增长 12.0%，外商及港澳台商投资企业增长 9.0%，其他经济类型企业增长 5.6%。轻工业增长 8.6%，重工业增长 11.6%。分门类看，采矿业增长 11.7%，制造业增长 11.3%，电力热力燃气及水生产和供应业增长 2.9%。

分行业看，农副食品加工业实现利润 98 亿元，比上年下降 4.5%；汽车制造业实现利润 94.2 亿元，增长 18.7%；非金属矿物制品业实现利润 23 亿元，增长 14.6%；电力热力行业实现利润 75.8 亿元，增长 63.6%；专用设备制造业实现利润 26.5 亿元，增长 32.3%；有色金属冶炼及压延加工业亏损 0.6 亿元，减亏 43.27%；化学原料及化学制品制造业实现利润 62.8 亿元，增长 12.5%；黑色金属冶炼业实现利润 69.6 亿元，增长 32.6%。

（三）水资源及开发利用现状

根据 2015 年《广西壮族自治区水资源公报》，2015 年广西壮族自治区平均降水量 1894mm，降水总量为 4494 亿 m^3，比多年平均值偏多 23.6%；地表水资源量 2432 亿 m^3，折合年径流深 1028mm，比多年平均值多 28.5%；地下水资源量为 467.28 亿 m^3，比多年平均值偏多 2.38%，其中山丘区浅层地下水资源量为 465.93 亿 m^3，北海平原区地下水资源非重复计算量为 1.35 亿 m^3；水资源总量 2434 亿 m^3，比多年平均值偏多 28.6%，属丰水年份。

2015 年，从国境外流入广西壮族自治区境内的水量 74.8 亿 m^3；从广西壮族自治区境内流出国境外的水量 9.8 亿 m^3；流入国际界河的水量 13.4 亿 m^3；从外省流入广西壮族自治区境内的水量 696 亿 m^3；从广西壮族自治区境内流出外省的水量 2805 亿 m^3；广西壮族自治区入海水量 208 亿 m^3。

2015 年，广西壮族自治区有大型水库 57 座，中型水库 229 座，对其中有统计数据的 39 座大型水库和 169 座中型水库蓄水动态进行分析，年末蓄水量 328.0 亿 m^3，比年初增加 9.37 亿 m^3，其中大型水库年末蓄水量 303.8 亿 m^3，中型水库年末蓄水量 24.2 亿 m^3。

2015 年，广西壮族自治区总供水量 299.3 亿 m^3，比上年减少 8.3 亿 m^3，其中地表水供水量 286.4 亿 m^3，地下水供水量 11.7 亿 m^3，其他水源供水量 1.2 亿 m^3。总用水量 299.3 亿 m^3（按照实行最严格水资源管理制度考核口径计，总用水量 285.2 亿 m^3），其中生产用水量 257.2 亿 m^3，生活用水量 39.7 亿 m^3，生态环境补水 2.4 亿 m^3。用水消耗总量 131.1 亿 m^3，耗水率 44%。废污水排放总量 38.4 亿 t。截至 2015 年年底，广西壮族自治区全区年终保有有效取水许可证 5795 套，许可水量 4894 亿 m^3，其中河道外 4140 套，占总数的 71.4%，许可水量 117 亿 m^3；河道内 1655 套，占总数的 28.6%，许可水量 4777 亿 m^3。

2015 年，广西壮族自治区人均综合用水量 624m^3，万元 GDP（当年价）用水量 178m^3。耕地实际灌溉亩均用水量 873m^3，农田灌溉水有效利用系数 0.465，万元工业增加值（当年价）用水量（含火电厂直流冷却用水量）88m^3。城镇人均生活用水量（含公共用水）335L/d，农村人均生活用水量 131L/d。

2015 年广西壮族自治区评价河流 68 条，评价河段 269 个，全年期Ⅰ～Ⅲ类水质河段有 254 个，占总评价河段个数的 94.4%，与 2014 年持平；评价大中型水库 16 座，全年期、汛期和非汛期水质均为Ⅰ～Ⅲ类，对其中 11 座水库进行了营养状况评价，均为中营养状态。对

14 个设区市的 24 个饮用水水源地水质进行评价，全年期水质合格的水源地有 23 个，合格率为 95.8%，比 2014 年提高 4.1%。评价全国重要江河湖泊水功能区 223 个，符合水功能区限制纳污红线主要控制指标（评价指标为高锰酸盐指数和氨氮）达标要求的有 221 个，达标率为 99.1%。广西壮族自治区跨设区市界河流交接断面 42 个，水质达标率为 97.8%，比 2014 年下降 1.4%。2015 年，广西壮族自治区规模以上（排放量 300m^3/d 或 10 万 m^3/a 及以上）入河排污口保有数达到 601 个，监测入河排污口数为 265 个，对 10 个设区市的 13 个城市重点入河排污口的废污水进行水质评价，全年期、汛期、非汛期水质达标的入河排污口达标率分别为 75.0%、76.9%和 76.9%，比上一年达标率偏低。

2015 年，广西壮族自治区灾害性天气比较频繁，汛期共有 54 条河流 178 站次发生超警洪水，先后发生 14 次洪涝灾害，其中受强降雨影响致灾 12 次，受台风影响致灾 2 次，与常年相比总体上属洪涝灾害次数偏多的年份。水库蓄水情况总体较好，据 2015 年 10 月 10 日统计，全区水库有效蓄水量比历年同期偏多 39.9%。

旱情方面，2015 年 4—5 月，广西壮族自治区部分地区发生了较严重的春旱。汛前，桂西北的百色、河池和桂东南的梧州、玉林等市先后出现旱情；进入 5 月，由于广西壮族自治区降雨分布不均，桂西北大石山区局部人饮困难问题仍然持续了一段时间。总体而言，2015 年广西壮族自治区旱情程度总体轻于常年平均水平。

二、广东省

（一）行政区划

广东省地处中国大陆最南部。东邻福建省，北接江西省、湖南省，西连广西壮族自治区，南临南海，珠江口东西两侧分别与香港、澳门特别行政区接壤，西南部雷州半岛隔琼州海峡与海南省相望。全境位于东经 109°39′～117°19′和北纬 20°13′～25°31′。陆地面积为 17.98 万 km^2，约占全国陆地面积的 1.87%；其中岛屿面积 1592.7km^2，约占全省陆地面积的 0.89%。

根据2016年《广东省统计年鉴》，全省共划分了21个地级以上市、20个县级市、34个县、3个自治县、61个市辖区。广东省行政区划情况详见表4.1-2。

表4.1-2　　　　广东省行政区划

市别	地级以上市	县级市	县	自治县	市辖区
广州	1				11
深圳	1				6
珠海	1				3
汕头	1		1		6
佛山	1				5
韶关	1	2	4	1	3
河源	1		5		1
梅州	1	1	5		2
惠州	1		3		2
汕尾	1	1	2		1
东莞	1				
中山	1				
江门	1	4			3
阳江	1	1	1		2
湛江	1	3	2		4
茂名	1	3			2
肇庆	1	1	4		3
清远	1	2	2	2	2
潮州	1		1		2
揭阳	1	1	2		2
云浮	1	1	2		2
全省	21	20	34	3	62

注　东莞辖28个镇，中山辖18个镇。

(二) 社会经济发展现状

1. 经济增长及人口

根据2016年《广东省统计年鉴》，2015年广东省实现地区生产总值（GDP）72812.55亿元，比上年增长8.0%。其中，第一产业增加值3344.82亿元，增长3.4%，对GDP增长的贡献率为1.7%；第二产业增加值32511.49亿元，增长6.8%，对GDP增长的贡献率为41.2%；第三产业增加值36956.24亿元，增长9.7%，对GDP增长的贡献率为57.1%。三次产业结构为4.6∶44.6∶50.8。在现代产业中，高技术制造业增加值8172.20亿元，增长9.8%；先进制造业增加值14712.70亿元，增长10.0%；现代服务业增加值22338.12亿元，增长11.9%。在第三产业中，批发和零售业增长5.0%，住宿和餐饮业增长3.0%，金融业增长15.6%，房地产业增长11.4%。民营经济增加值38846.24亿元，增长8.4%。2015年，广东人均GDP达到67503元，按平均汇率折算为10838美元。

分区域看，珠三角地区生产总值占广东省比重为79.2%，粤东西北地区占20.8%，粤东、粤西、粤北分别占6.9%、7.7%、6.2%。

虽然当前广东省经济社会发展总体保持稳定，但也存在不少困难和问题：内外需求不足，经济面临较大下行压力，财政收支矛盾更加突出；经济发展方式总体粗放，资源环境约束趋紧，企业生产要素成本上升与自主创新能力不足的矛盾更加凸显，推动经济转型升级任务艰巨；区域发展不平衡、城乡发展不协调问题仍然突出，民生社会事业还存在薄弱环节，全面建成小康社会还存在短板指标；协调各方利益、维护社会稳定压力加大，公共安全隐患不容忽视，污染治理、食品安全、安全生产形势依然严峻；政府职能转变亟待深化，作风建设任重道远。

2016年，我们要全面贯彻党的十八大和十八届三中、四中、五中全会精神，深入贯彻习近平总书记系列重要讲话精神，贯彻落实广东省委十一届五次、六次全会部署，按照“五位一体”总体布局和“四个全面”战略布局，牢固树立创新、协调、绿色、开放、共享发展理念，适应和引领经济发展新常态，围绕“三个定位、两个率先”目标，以提高发展质量和效益为中心，以全面深化改革为根本动力，以创新驱动发展为核心战略，着力加强供给侧结构性改革，着力推动城乡区域协调发展，着力构建高水平开放型经济新格局，着力建设绿色生态美丽家园，着力增进民生福祉，努力实现“十三五”时期经济社会发展良好开局。

2015年年末广东省常住人口10849万人。全年出生人口119.95万人，出生率11.12‰；死亡人口46.60万人，死亡率4.32‰；自然增长人口73.35万人，自然增长率6.80‰。

2. 农业

根据2016年《广东省统计年鉴》，2015年粮食作物播种面积3760.52万亩，比上年减少0.02%；糖蔗种植面积222.60万亩，减少2.9%；油料种植面积550.18万亩，增长1.8%；蔬菜种植面积2023.35万亩，增长3.2%。全年粮食产量1357.34万t，增长3.1%；糖蔗产量1307.90万t，减少3.7%；油料产量105.48万t，增长4.4%；蔬菜产量3274.75万t，增长4.1%；水果产量1436.00万t，增长4.9%；茶叶产量7.39万t，增长6.0%。年肉类总产量424.36万t，下降1.2%。其中，猪肉产量274.15万t，下降3.0%；禽肉产量134.80万t，增长2.2%。全年水产品产量856.88万t，增长2.5%。其中，海水产品461.14万t，增长2.3%；淡水产品395.74万t，增长2.6%。

3. 工业

根据2016年《广东省统计年鉴》，广东省2015年全部工业增加值比上年增长6.8%。规模以上工业增加值增长7.2%，其中，国有及国有控股企业增长2.1%，民营企业增长11.8%，外商及港澳台投资企业增长4.1%，股份制企业增长9.8%，集体企业增长10.2%，股份合作制企业增长14.9%。分轻重工业看，轻工业增长4.6%，重工业增长8.8%。分企业规模看，大型企业增长6.3%，中型企业增长5.8%，小型企业增长10.8%。

高技术制造业增加值增长9.8%，其中，医药制造业增长7.7%，电子及通信设备制造业增长10.8%，信息化学品制造业增长10.1%，电子计算机及办公设备制造业增长7.8%，航空航天器制造业下降6.7%，医疗设备及仪器仪表制造业下降5.6%。

先进制造业增加值增长10.0%，其中，装备制造业增长10.2%，钢铁冶炼及加工业增长6.4%，石油及化学行业增长9.9%。装备制造业中，汽车制造业、船舶制造业、环境污染防治专用设备制造业分别增长7.6%、17.1%和79.3%，飞机制造及修理业下降8.4%；钢铁冶炼及加工业中，炼钢、钢压延加工和铁合金冶炼分别增长26.2%、4.8%和66.0%，炼铁下降0.6%；石油及化学行业中，石油和天然气开采业、化学原料及化学制品制造业、橡胶制品业分别增长28.5%、8.7%和11.8%，石油加工、炼焦及核燃料加工业下降2.6%。

优势传统产业增加值增长6.5%，其中，纺织服装业增长5.4%，食品饮料业增长4.1%，家具制造业增长4.7%，建筑材料增长9.4%，金属制品业增长9.9%，家用电力器具制造业增长4.7%。

六大高耗能行业增加值增长4.4%，其中，非金属矿物制品业增长8.9%，黑色金属冶炼及压延加工业增长6.2%，电力、热力生产和供应业增长3.0%，化学原料和化学制品制造业增长8.7%，石油加工、炼焦和核燃料加工业下降2.6%，有色金属冶炼及压延加工业下降1.5%。

工业经济效益有所提高。资产贡献率13.87%，资产负债率57.0%，流动资产周转次数2.26次，成本费用利润率6.57%，全员劳动生产率21.45万元/(a·人)，产品销售率96.97%。实现利润总额7208.77亿元，增长8.2%。亏损企业亏损总额507.60亿元，增长17.7%。

（三）水资源及开发利用现状

根据2015年《广东省水资源公报》，2015年海南省平均年降水量1875.7mm，比常年（多年平均、下同）多5.9%，属偏丰水年。广东省地表水资源量1923.4亿m^3，比常年多5.7%；地下水资源量461.4亿m^3，比常年多2.5%；水资源总量1933.4亿m^3，比常年多5.7%。广东省大、中型水库年末蓄水总量201.4亿m^3，较年初增加20.5亿m^3。

2015年，广东省供用水总量443.1亿m^3，其中火核电直流式冷却水用量36.6亿m^3。在供水量中，地表水源占96.2%，地下水源占3.4%，其他水源占0.4%。在用水量中，农业用水占51.2%，工业用水占25.4%，生活用水22.2%，生态环境补水占1.2%。广东省人均综合用水量411m^3，万元GDP用水量61m^3，万元工业增加值用水量37m^3，农田灌溉亩均用水量 753m³，城镇居民人均生活用水量 193L/d。

各地区用水结构相差较大。经济相对发达地区，其工业和生活用水比重相对较高，农业用水则较低。位于珠江三角洲的深圳、东莞、广州、珠海、佛山、中山及韩江的汕头等市及顺德区的农业用水量占总用水量的比例低于 50%。珠江三角洲地区由于人口密集，工业发达，经济总量大，除农业用水量外，各分类用水量高居各流域首位，其总用水量占全省总用水量的 39.8%，工业用水量则占全省工业总用水量的 65.6%。

2015 年，广东省监测评价的河流中，水质Ⅰ～Ⅲ类河长占 77.3%；监测评价的水库中，水质Ⅰ～Ⅲ水库占 82.4%；监测评价的湖泊中，水质类别都为Ⅲ类以上。已监测评价的水功能区达标率为 41.0%，按国家水功能区限制纳污红线主要控制指标（高锰酸盐和氨氮，简称“国控指标”）评价，达标率为 67.1%。

按 2015 年来水统计，全省水资源开发利用率为 26.0%。按多年平均来水量计算，水资源开发利用率为 24.5%。

第二节　用水定额编制情况

一、广西壮族自治区

（一）用水定额编制历程

1.《广西壮族自治区主要行业取（用）水定额（试行）》(2003 年)

2003 年，广西壮族自治区水利厅、广西壮族自治区质量技术监督局联合印发了《广西壮族自治区主要行业取（用）水定额（试行）》（桂水水政〔2003〕56 号），首次提出了涉及农业、畜牧业、工业、居民生活及社会服务业等五大类的用水定额指标并在全区试行。

（1）工业：包括煤炭采选业、黑色金属矿采选业、有色金属矿采选业、食品加工业、食品制造业、饮料制造业、烟草加工业、纺织业、服装及其他纤维制品制造业、火力发电等 23 个行业 108 项产品。

（2）社会服务业：包括公共服务、居民服务、旅馆业、医院、教育、机关团体 6 种用水类型。

(3) 居民生活：包括城镇居民和农村居民家庭生活用水。

(4) 农业：包括种植业中的水稻、甘蔗等 13 种主要农作物。

(5) 畜牧业：包括大、小牲畜和家禽专业饲养和零散饲养。

参与编制的单位有广西壮族自治区水利厅、广西壮族自治区质量监督局、广西壮族自治区经济贸易委员会、广西壮族自治区建设厅、广西壮族自治区农业厅、广西壮族自治区水产畜牧局、广西壮族自治区水利电力勘察设计院、广西壮族自治区水利工程管理局及各市水利(水电)局。

2. 广西现行用水定额

广西壮族自治区《工业行业主要产品用水定额》(DB45/T 678—2010)起草单位包括广西壮族自治区节约用水办公室、广西壮族自治区水利厅水资源管理处、广西壮族自治区工业和信息化委员会资源节约与综合利用处、广西壮族自治区水利科学研究院，并由广西壮族自治区质量技术监督局于 2010 年 7 月 29 日以地标形式发布，2010 年 8 月 30 实施。该标准给出了包括煤炭开采和洗选业等 24 个工业行业 150 种产品的用水定额值。

广西壮族自治区《城镇生活用水定额》(DB45/T 679—2010)起草单位包括广西壮族自治区节约用水办公室、广西壮族自治区水利厅水资源管理处、广西壮族自治区水利科学研究院，并由广西壮族自治区质量技术监督局于 2010 年 7 月 29 日以地标形式发布，于 2010 年 8 月 30 日实施。该标准包括城镇居民生活用水定额和服务业用水定额，共制订了 12 类公共用水行业的 17 种类别 33 种产品用水定额值，以及 4 种住宅类型的城镇居民生活用水定额。

广西壮族自治区《农林牧渔业及农村居民生活用水定额》(DB45/T 804—2012)起草单位为广西壮族自治区水利科学研究院，并由广西壮族自治区质量技术监督局于 2012 年 2 月 25 日以地标形式发布，2012 年 3 月 25 日实施。该标准制定了农业、林业、畜牧业、渔业共 4 个行业 25 种类别 45 种产品 918 个用水定额值，并规定了 2 种供水方式 4 种供水情况的 4 个农村居民生活用水定额值。

（二）广西壮族自治区内用水定额现状

1. 农业

广西壮族自治区《农林牧渔业及农村居民生活用水定额》（DB45/T 804—2012）包括农业、林业、畜牧业、渔业和农村生活用水定额。农业用水定额制定了稻谷、玉米、豆类、油料、薯类、糖料（糖料蔗和果蔗）、烟草、蔬菜、花卉、葡萄、柑橘、香蕉等亚热带水果、其他水果、茶、其他农业等15个类别共31种作物定额，共840个定额值；林业主要制定了1类定额，即林木育苗，共30个定额值；畜牧业制定了牛、猪、羊、鸡、鸭、鹅、其他家禽、牧草共8个类别，39个定额值；渔业制定了内陆养殖定额1个类别，具体包括池塘养殖、育苗、稻田养鱼3项定额，9个定额值。

《全国灌溉用水定额编制研究报告》（2005年）根据水资源综合利用规划、农业发展规划、节水灌溉规划将广西壮族自治区分为桂东北区、桂西区、桂中区和桂南区4个分区，广西壮族自治区《农林牧渔业及农村居民生活用水定额》（DB45/T 804—2012）是在此分区基础上，结合广西壮族自治区自然地理、地形地貌、气候条件、水资源条件及特点、水利设施条件和农业种植结构等情况，以市为基本单位将广西壮族自治区划分为5个分区：桂东区、桂西区、桂中区、桂南区、桂北区（表4.2－1）。农业、林业、牧草用水定额均按照分区制定，其他农业用水定额如畜牧业畜禽用水定额、渔业用水定额未分区制定包含灌溉用水定额、渔业用水定额和牲畜用水定额。

表4.2－1　　广西壮族自治区农业、林业、牧草用水定额分区表

分区	所属市	所辖县（市、区）级行政区
桂东区	梧州市	万秀区、长洲区、碟山区、苍梧县、藤县、蒙山县、岑溪县
	玉林市	玉州区、福绵区、容县、陆川县、博白县、兴业县、北流市
	贺州市	平桂管理区、八步区、昭平县、钟山县、富川县
桂西区	百色区	右江区、田阳县、田东县、平果县、德保县、靖西县、那坡县、凌云县、乐业县、田林县、西林县、隆林县
	河池市	金城江区，南丹县、天峨县、凤山县、东兰县、罗城县、环江县、巴马县、都安县、大化县、宜州市

续表

分区	所属市	所辖县（市、区）级行政区
桂中区	南宁市	兴宁市、育秀区、江南区、西乡塘区、良庆区、邕宁区、武鸣县、隆安县、马山县、上林县、宜州县
	贵港市	港北区、港南区、覃塘区、平南县、桂平市
	来宾市	兴宾区、忻城县、象州县、武宣县、金秀县、合山市
	崇左市	江州区、扶绥县、宁明县、龙州县、大新县、天等县、凭祥县
桂南区	北海市	海城区、银海区、铁山港区、合浦县
	防城港市	港口区、防城区、上思县、东兴市
	钦州市	钦南区、钦北区、灵山县、浦北县
桂北区	柳州市	城中区、鱼峰区、柳南区、柳北区、柳江区、柳城县、鹿寨县、融安县、融水县、三江县
	桂林市	秀峰区、叠彩区、象牙区、七星区、雁山区、阳朔县、临桂县、灵川县、全州县、兴安县、永福县、灌阳县、龙胜县、资源县、平乐县、荔浦县、恭城县

2. 工业

广西壮族自治区《工业行业主要产品用水定额》（DB45/T 678—2010）中工业用水共计 23 个大类、93 个工业行业中类 188 种产品。所含大类包括：煤炭的开采和洗选业、黑色金属矿采选业、有色金属矿采选业、非金属矿采选业、农副食品加工业、食品制造业、酒-饮料和精制茶制造业、烟草制品业、纺织业、木材加工及木-竹-藤-棕-草制品业、造纸及纸制品业、石油加工、炼焦及核燃料加工业、化学原料及化学制品制造业、医药制造业、橡胶和塑料制品业、非金属矿物制品业、黑色金属冶炼及压延加工业、有色金属冶炼及压延加工业、通用设备制造业、专用设备制造业、汽车制造、电气机械及器材制造业、电力、热力的生产和供应业共 23 类。

3. 生活和服务业

广西壮族自治区《城镇生活用水定额》（DB45/T 679—2010）共制定了 4 种住宅类型的城镇居民生活用水定额，见表 4.2-2。

广西壮族自治区《农林牧渔业及农村居民生活用水定额》（DB45/T 804—2012）制定了 2 种供水方式 4 种供水情况的 4 个农村居民生活

用水定额值。

表 4.2-2　　广西壮族自治区居民生活用水定额统计表

单位：L/(人·d)

类别名称	类别	定额值	备　注
城市居民生活用水	A 住宅类型	140	平房，给排水和卫生设施不到户的简易楼房
	B 住宅类型	160	无沐浴设备的楼房
	C 住宅类型	200	有沐浴设备的楼房
	D 住宅类型	220	高级住宅，给排水和卫生设施齐全
农村居民生活用水	集中式供水	120	全日供水、室内有给水、排水设施且卫生设施齐全
		90	全日供水、户内有洗涤池和部分其他卫生设施
		70	集中供水点取水、户内无洗涤池和卫生设施
	分散式供水	90	户内自备井水、人力挑水、户内有洗涤池和部分其他卫生设施

广西壮族自治区《城镇生活用水定额》(DB45/T 679—2010) 共制定了 12 类公共用水行业的 17 种类别 33 种产品的服务业用水定额。其中，中类行业名称分别为：综合零售，食品、饮料及烟草制品专门零售，宾馆、旅舍、招待所，餐饮、金融、商务服务场所，城市绿化管理，公园管理，汽车、摩托车维护与保养，学校，医院，艺术表演馆，图书馆、档案馆、博物馆、体育场馆，室内娱乐活动，机关事业单位。

二、广东省

(一) 用水定额编制历程

1.《广东省用水定额（试行)》(2007 年)

《广东省用水定额（试行)》由广东省水利厅、广东省发展和改革委员会、广东省经济和信息化委员会提出，广东省水利厅牵头组织，有关部门配合开展，并征求广东省建设厅、农业厅、林业局、海洋渔业局、质量技术监督局和省政府法制办等有关部门的意见编制而成的。

该定额涵盖了工业、农业、城镇生活等用水行业，是广东省开展涉水规划编制、取水许可管理、建设项目水资源论证、用水计划下达、用水及节水评估、排污口设置论证和审批、收取超额（计划）加价水资源费等工作的基础依据。

2007年，经广东省人民政府同意，省水利厅、发改委和经贸委（现经济和信息化委）联合印发了《广东省用水定额（试行）》（粤水规〔2007〕13号），自2007年3月1日起试行两年，并规定以下几点。

（1）农田灌溉用水考核定额，应按照《广东省用水定额（试行）》各自分区的要求执行。

（2）蔬菜、花卉、林牧渔业用水考核定额，应根据《广东省用水定额（试行）》的有关要求，在上浮20%的限定额内制定。

（3）工业用水考核定额应根据实际情况，在《广东省用水定额（试行）》规定的范围内取定。从《广东省用水定额（试行）》执行之日起新建的企业，其取水定额不得高于《广东省用水定额（试行）》规定范围的下限值。

（4）城市公共用水及居民生活用水考核定额，应根据《广东省用水定额（试行）》的有关要求，在上浮15%的限额内制定。

（5）在水资源特别紧缺地区或遭严重干旱季节，为保证生活、特殊产业用水需要，可以突破《广东省用水定额（试行）》指导标准的低限范围，并采取必要的限水措施。

（6）对《广东省用水定额（试行）》未涉及或未明确规定的行业，门类和产品用水定额，各地在调查、统计、分析的基础上，参照类似行业、门类和产品制定用水定额；不能参照的，各地可以在用水调查、水平衡测试、工艺节水性评价的基础上，明确用水考核定额，并报经省级行业主管部门和省节约用水办公室批准后执行。

该定额规定了工业取水、城市居民生活和城市公共生活用水、农林牧渔业用水的定额指标，共551个定额值。其中工业用水定额值覆盖120个行业种类，335种产品331个定额，城镇公共生活用水定额覆盖21个公共服务行业，46个定额值，城镇居民生活和城镇生活综合用水分别包含6种不同城镇规模6个定额值，农业用水包括，8类地区，4种作物灌溉及养殖业的168个定额值。

2.《广东省用水定额（地方推荐标准）》（2014年）

2014年广东省水文局、广东省水利水电科学研究院起草了《广东省用水定额》（DB44/T 1461—2014），2014 年 11 月 10 日发布，2015 年 2 月 10 日实施。

本标准将用水定额分为工业、生活和农业用水定额。本标准定额值共计 722 个。其中工业用水定额覆盖 120 个工业行业种类，367 种产品 408 个定额值；生活用水分为城镇公共生活用水和居民生活用水，城镇公共生活用水定额覆盖 25 个公共服务行业，52 个定额值（城镇居民生活和城镇生活综合用水分别包含 4 种不同城镇规模 4 个定额值，农村居民生活用水包括 2 类地区 2 个定额值）；农业用水包括 6 类地区，4 种作物灌溉及养殖业的 262 个定额值。

3. 定额对比

《广东省用水定额》（DB44/T 1461—2014）与《广东省用水定额（试行）》（2007 年）相比，主要有以下变化：

（1）所有的定额值由原来的 1 个取值范围明确为 1 个数值。2007 版中工业用水定额以及部分农业用水定额都是取一个范围，在 2014 版中取值范围已明确为一个数值。

（2）新增了 53 个工业产品用水定额，淘汰 8 类工业产品定额，对 19 类工业产品进行了归类调整。

（3）新增了农村居民生活用水定额。

（4）农业用水定额由原来的 8 个调整为 6 个，删除一年三熟用水指标，只保留一年两熟指标，用水指标由 75%、80%、90%不同保证率调整为一定值。

（5）本标准为首次以推荐性地方标准发布。

（6）《广东省用水定额》（DB44/T 1461—2014）中根据《国民经济行业分类与代码》（GB/T 4754—2011）分类，2007 年《广东省用水定额》中使用《国民经济行业分类与代码》（GB/T 4754—2002）分类。

（二）广东省用水定额现状

1. 农业

《广东省用水定额》（DB44/T 1461—2014）共制定了 262 个农业用水定额值，其中包括粮食 42 个定额值，蔬菜 90 个定额值，果树 102

个定额值，叶草花卉 14 个定额值，鱼塘养殖 11 个定额值，家畜饲养 3 个定额值。

粮食、蔬菜、果树灌溉用水定额是按照粤西雷州半岛台地蓄井灌溉区、粤西沿海丘陵平原蓄引灌溉区、粤北和粤西北山区丘陵引蓄灌溉区、粤中珠江三角洲平原蓄引提灌溉区、粤东和粤东北丘陵山区蓄引灌溉区、粤东沿海潮汕平原蓄引灌溉区等 6 个灌溉用水定额分区分别制定的（表 4.2-3）。

表 4.2-3　　广东省农业灌溉分区

分区名称	分区代码	分区范围
粤西雷州半岛台地蓄井灌溉用水定额分区	GFQ1	湛江
粤西沿海丘陵平原蓄引灌溉用水定额分区	GFQ2	阳江、茂名
粤北和粤西北山区丘陵引蓄灌溉用水定额分区	GFQ3	韶关、肇庆、清远、云浮
粤中珠江三角洲平原蓄引提灌溉用水定额分区	GFQ4	广州、深圳、珠海、佛山、东莞、中山、江门
粤东和粤东北丘陵山区蓄引灌溉用水定额分区	GFQ5	河源、梅州、惠州
粤东沿海潮汕平原蓄引灌溉用水定额分区	GFQ6	汕头、汕尾、潮州、揭阳

2. 工业

《广东省用水定额》（DB44/T 1461—2014）制定的工业用水定额包括 120 个中类，367 种产品 408 个定额值。所含中类包括：烟煤和无烟煤的开采洗选、铁矿采选、常用有色金属采选、稀有稀土金属矿采选、土砂石开采、化学矿采选、谷物磨制、饲料加工、植物油加工、制糖、屠宰及肉类加工、水产品加工、蔬菜、水果和坚果加工、其他农副食品加工、焙烤食品制造、糖果、巧克力及蜜饯制造、方便食品制造、乳制品制造、罐头食品制造、调味品、发酵制品制造、其他食品制造、酒的制造、饮料制造、精制茶加工、烟叶复烤、卷烟制造、其他烟草制品加工、棉纺织及印染精加工、毛纺织及染整精加工、麻纺织及染整精加工、丝绢纺织及印染精加工、针织品、编织品及其制品制造、针织或钩针编织物及其制品制造、非家用纺织制成品制造、机织服装制造、皮革鞣制加工、皮革制品制造、人造板制造、木制品制造、木质家具制造、竹藤家具制造、金属家具制造、塑料家具制造、纸浆制造、造纸、印刷、文化用品制造、乐器制造、工艺美术品制造、体育用品制造、玩具制造、精炼石油产品制造、基础化学原料制造、肥料制造、涂料、油墨、颜料及类似产品制造、合成材料制造、专用化学品制造、日用化学产品制造、化学药品原药制造、化学药品制剂制造、中成药生产、纤维素纤维原料及纤维制造、合成纤维制造、橡胶制品、塑料制品、水泥、石灰和石膏制造、石膏、水泥制品及类似制品制造、砖瓦、石材等建筑材料制造、玻璃制造、玻璃制品制造、陶瓷制品制造、炼铁、炼钢、钢压延加工、铁合金冶炼、常用有色金属冶炼、稀有稀土金属冶炼、有色金属压延加工、结构性金属制品制造、金属工具制造、金属丝绳及其制品的制造、建筑、安全用金属制品制造、金属表面处理及热处理加工、金属制日用品制造、其他金属制品制造、锅炉及原动设备制造、金属加工机械制造、物料搬运设备制造、泵、阀门、压缩机及类似机械制造、轴承、齿轮和传动部件制造、文化、办公用机械制造、采矿、冶金、建筑专用设备制造、化工、木材、非金属加工专用设备制造、食品、饮料、烟草及饲料生产专用设备制造、农、林、牧、渔专用机械制造、医疗仪器设备及机械制造、环保、社会公共安全及其他专用设备制造、汽车整车制造、汽车零部件及配件制造、摩托车制造、自行车制造、输配电及控制设备制造、电线、电缆、光缆及电工器材制造、电池制造、家用电力器具制造、照明器具制造、其他电器机械及器材制造、计算机制造、通信设备制造、视听设备制造、电子元件制造、其他电子设备制造、通用仪器仪表制造、专用仪器仪表制造、钟表与计时仪器制造、日用杂品制造、电力生产、煤气生产和供应、自来水生产和供应、污水处理及其再生利用。

3. 生活和服务业

《广东省用水定额》（DB44/T 1461—2014）制定的居民生活用水定额包括城镇居民生活用水定额和农村居民生活用水定额（表 4.2 - 4）。其中城镇居民生活用水定额分别按照特大城镇、大城镇、中等城镇和小城镇制定；农村居民生活用水定额分别按照珠江三角洲地区和其他地区制定。

表 4.2-4 居民生活用水定额表 单位：L/(人·d)

分类	地区类别	定额值
城镇居民	特大城镇	200
	大城镇	185
	中等城镇	180
	小城镇	155
农村居民	珠江三角洲地区	150
	其他地区	140

《广东省用水定额》（DB44/T 1461—2014）制定服务业用水包括24个中类项，30个小类项，41个产品定额值。其中中类行业名称分别为：综合零售，食品、饮料及烟草制品专门零售，旅游饭店，一般旅馆，正餐服务，快餐服务，饮料及冷饮服务，物业管理，环境治理，城市绿化管理，理发及美容保健服务，修理与护理，学前教育，初等教育，中等教育，高等教育，医院，门诊部医疗活动，电影，艺术表演馆，体育场馆，休闲健身娱乐活动，室内娱乐活动，机关事业单位。

第三节 规范性评估

一、广西壮族自治区

（一）工业

2003年广西壮族自治区水利厅、自治区质量技术监督局联合印发了《广西壮族自治区主要行业取（用）水定额（试行）》（桂水水政〔2003〕56号），首次提出了涉及农业、畜牧业、工业、居民生活及社会服务业等五大类的用水定额指标并在全区试行。2010年广西《工业行业主要产品用水定额》（DB45/T 678—2010）由广西壮族自治区节约用水办公室、广西壮族自治区水利厅水资源管理处、广西壮族自治区工业和信息化委员会资源节约综合利用处、广西壮族自治区水利科学研究院起草，广西壮族自治区质量技术监督局 2010 年 7 月 29 日发布，2010 年 8 月 30 实施。

到目前为止广西壮族自治区工业用水定额发布方式合理，但从 2010 年标准发布距 2003 年的定额版本相距 7 年，2010—2016 年已经 6 年，建议尽快启动广西壮族自治区工业用水定额的修订工作，修订周期较长，按规范性评价标准合计扣 4 分，可见广西壮族自治区工业用水定额规范性一般。

（二）生活和服务业

广西壮族自治区《城镇生活用水定额》（DB45/T 679—2010）包括城镇居民生活用水定额和服务业用水定额，由广西壮族自治区质量技术监督局于 2010 年 7 月 29 日发布，2010 年 8 月 30 日实施，在《广西壮族自治区主要行业取（用）水定额（试行）》（桂水水政〔2003〕56 号）基础上修订，间隔时间 7 年。距 2016 年广西壮族自治区城镇生活及服务业用水定额已发布 6 年，应及时组织修订，按规范性评价标准合计扣 4 分，广西壮族自治区生活及服务业用水定额规范性一般。

二、广东省

《广东省用水定额》（DB44/T 1461—2014）由广东省水利厅提出并归口，起草单位有广东省水文局、广东省水利水电科学研究院。由广东省质量技术监督局于 2014 年 11 月 10 日发布，2015 年 2 月 10 日实施，获得分类号 ICS 17.120.01 P 12，公布方式以地标形式发布，符合发布规定。相比 2007 年编制的《广东省用水定额（试行）》《广东省用水定额》（DB44/T 1461—2014）修订时间间隔 7 年，距 2016 年已发布 2 年，还未到修订时间，按规范性评价标准扣 1 分，广东省工业用水定额规范性较好。

第五章 用水定额覆盖性评估

第一节 工业覆盖性评估

一、广西壮族自治区

（一）统计年鉴中确定的主要工业行业定额标准覆盖率

根据《广西壮族自治区统计年鉴》（2015年）发布的经济社会指标数据分析，广西壮族自治区主要工业行业包括采矿业、制造业及电力、燃气及水的生产和供应业三大门类中的41个大类，具体见表5.1－1。经对比分析，广西壮族自治区统计年鉴中涉及的主要工业行业中有23个工业大类制定了用水定额标准，覆盖率为56.1%。

表5.1－1 广西壮族自治区工业用水定额标准覆盖情况

序号	广西壮族自治区主要工业行业		用水定额是否涵盖
	门类	大类	
1	采矿业	煤炭的开采和洗选业	√
2		石油和天然气开采业	×
3		黑色金属矿采选业	√
4		有色金属矿采选业	√
5		非金属矿采选业	√
6		开采辅助活动	×
7		其他采矿业	×

续表

<table>
<tr><th rowspan="2">序号</th><th colspan="2">广西壮族自治区主要工业行业</th><th rowspan="2">用水定额是否涵盖</th></tr>
<tr><th>门　类</th><th>大　　类</th></tr>
<tr><td>8</td><td rowspan="31">制造业</td><td>农副食品加工业</td><td>√</td></tr>
<tr><td>9</td><td>食品制造业</td><td>√</td></tr>
<tr><td>10</td><td>酒、饮料和精制茶制造业</td><td>√</td></tr>
<tr><td>11</td><td>烟草制品业</td><td>√</td></tr>
<tr><td>12</td><td>纺织业</td><td>√</td></tr>
<tr><td>13</td><td>纺织服装、服饰业</td><td>×</td></tr>
<tr><td>14</td><td>皮革、毛皮、羽毛及其制品和制鞋业</td><td>×</td></tr>
<tr><td>15</td><td>木材加工和木、竹、藤、棕、草制品业</td><td>√</td></tr>
<tr><td>16</td><td>家具制造业</td><td>×</td></tr>
<tr><td>17</td><td>造纸和纸制品业</td><td>√</td></tr>
<tr><td>18</td><td>印刷和记录媒介复制业</td><td>×</td></tr>
<tr><td>19</td><td>文教、工美、体育和娱乐用品制造业</td><td>×</td></tr>
<tr><td>20</td><td>石油加工、炼焦和核燃料加工业</td><td>√</td></tr>
<tr><td>21</td><td>化学原料和化学制品制造业</td><td>√</td></tr>
<tr><td>22</td><td>医药制造业</td><td>√</td></tr>
<tr><td>23</td><td>化学纤维制造业</td><td>×</td></tr>
<tr><td>24</td><td>橡胶和塑料制品业</td><td>√</td></tr>
<tr><td>25</td><td>非金属矿物制品业</td><td>√</td></tr>
<tr><td>26</td><td>黑色金属冶炼和压延加工业</td><td>√</td></tr>
<tr><td>27</td><td>有色金属冶炼和压延加工业</td><td>√</td></tr>
<tr><td>28</td><td>金属制品业</td><td>×</td></tr>
<tr><td>29</td><td>通用设备制造业</td><td>√</td></tr>
<tr><td>30</td><td>专用设备制造业</td><td>√</td></tr>
<tr><td>31</td><td>汽车制造业</td><td>√</td></tr>
<tr><td>32</td><td>铁路、船舶、航空航天和其他运输设备制造业</td><td>×</td></tr>
<tr><td>33</td><td>电气机械和器材制造业</td><td>√</td></tr>
<tr><td>34</td><td>计算机、通信和其他电子设备制造业</td><td>×</td></tr>
<tr><td>35</td><td>仪器仪表制造业</td><td>×</td></tr>
<tr><td>36</td><td>其他制造业</td><td>×</td></tr>
<tr><td>37</td><td>废弃资源综合利用业</td><td>×</td></tr>
<tr><td>38</td><td>金属制品、机械和设备修理业</td><td>×</td></tr>
<tr><td>39</td><td rowspan="3">电力、燃气及水的生产和供应业</td><td>电力、热力的生产和供应业</td><td>√</td></tr>
<tr><td>40</td><td>燃气的生产和供应业</td><td>×</td></tr>
<tr><td>41</td><td>水的生产和供应业</td><td>×</td></tr>
</table>

（二）制定定额产值占地方总产值比例

根据2015年《广西统计年鉴》，2014年广西壮族自治区工业总产值为15672.97亿元，定额中规定的行业产值为13039.9亿元，占总产值的83.2%，其中纺织、造纸、石化等属于高耗水行业的产值为1905.83亿元，占总产值的12.16%；烟草、制糖等特色产业产值为658.26亿元，占总产值的4.2%。

（三）制定定额种类占《国民经济行业分类与代码》(GB/T 4754—2011）比例

《广西壮族自治区工业行业主要产品用水定额》（DB45/T 678—2010）中工业用水共计23个大类、93个工业行业中类188种产品，依据《国民经济行业分类与代码》（GB/T 4754—2011）规定的行业范围共计43个工业大类，205个中类。广西壮族自治区工业大类用水定额覆盖率为53.5%。

（四）占《重点工业行业用水效率指南》确定的八大高用水行业覆盖情况

对比《重点工业行业用水效率指南》中确定的八大高耗水行业，即火电、钢铁、纺织、造纸、石化、化工、食品及发酵等，在《广西壮族自治区工业行业主要产品用水定额》（DB45/T 678—2010）中均能找到对应的定额标准（表5.1-2）。

表5.1-2 《重点工业行业用水效率指南》确定的高用水行业覆盖情况

高用水行业名称	主要工业产品	用水定额是否覆盖
火电行业	火力发电	√
钢铁行业	普通钢厂、特殊钢厂	√
纺织行业	纺织染整产品、毛纺织产品等	√
造纸行业	纸浆、纸、纸板	√
石化行业	原油加工、焦炭	√
化工行业	合成氨、硫酸、烧碱等	√
食品行业	饮料、矿泉水、白酒等	√
发酵行业	啤酒、味精、酱油等	√

（五）占国家已发布取水定额标准的19个高用水行业覆盖情况

对比国家已发布取水定额标准的19个高用水工业行业，在《广西壮族自治区工业行业主要产品用水定额》（DB45/T 678—2010）中已颁布19项用水定额标准（表5.1-3），其中乙烯生产无相应定额标准，综合来看，这19个高用水行业定额覆盖率达84.2%。

表5.1-3　国家已发布取水定额标准的19个高用水行业覆盖情况

<table>
<tr><th rowspan="2">序号</th><th colspan="3">高用水行业</th><th rowspan="2">用水定额标准是否覆盖</th></tr>
<tr><th>行业名称</th><th colspan="2">主要工业产品</th></tr>
<tr><td>1</td><td>火电行业</td><td colspan="2">火力发电</td><td>√</td></tr>
<tr><td>2</td><td>钢铁行业</td><td colspan="2">普通钢厂、特殊钢厂</td><td>√</td></tr>
<tr><td>3</td><td rowspan="2">纺织行业</td><td colspan="2">纺织染整产品</td><td>√</td></tr>
<tr><td>4</td><td colspan="2">毛纺织产品</td><td>√</td></tr>
<tr><td>5</td><td>造纸行业</td><td colspan="2">制浆、纸、纸板</td><td>√</td></tr>
<tr><td>6</td><td rowspan="3">石化和化工行业</td><td colspan="2">石油炼制</td><td>√</td></tr>
<tr><td>7</td><td colspan="2">乙烯生产</td><td>×</td></tr>
<tr><td>8</td><td colspan="2">合成氨</td><td>√</td></tr>
<tr><td>9</td><td rowspan="3">酒、饮料和精制茶制造业</td><td colspan="2">啤酒</td><td>√</td></tr>
<tr><td>10</td><td colspan="2">酒精</td><td>√</td></tr>
<tr><td>11</td><td colspan="2">白酒</td><td>√</td></tr>
<tr><td>12</td><td rowspan="2">食品制造业</td><td colspan="2">味精</td><td>√</td></tr>
<tr><td>13</td><td colspan="2">柠檬酸</td><td>×</td></tr>
<tr><td>14</td><td>煤炭开采和洗选业</td><td colspan="2">选煤</td><td>√</td></tr>
<tr><td>15</td><td rowspan="2">有色金属矿采选业</td><td colspan="2">氧化铝生产</td><td>√</td></tr>
<tr><td>16</td><td colspan="2">电解铝生产</td><td>√</td></tr>
<tr><td rowspan="2">17</td><td rowspan="2">医药制造业</td><td rowspan="2">医药产品</td><td>维生素C</td><td>√</td></tr>
<tr><td>青霉素工业盐</td><td>√</td></tr>
<tr><td>18</td><td rowspan="2">有色金属冶炼和压延加工业</td><td rowspan="2">常用有色金属冶炼</td><td>铜冶炼</td><td>×</td></tr>
<tr><td>19</td><td>铅冶炼</td><td>×</td></tr>
</table>

综合广西统计年鉴中工业门类用水定额的覆盖率、占广西工业增加值的覆盖率、占《国民经济行业分类与代码》(GB/T 4754—2011)及高耗水行业和主要产品用水定额的覆盖率，《广西壮族自治区工业行业主要产品用水定额》(DB45/T 678—2010)覆盖率83.2%，覆盖性良。

二、广东省

(一) 统计年鉴中确定的主要工业行业定额标准覆盖率

根据《广东省统计年鉴》(2015年)发布的经济社会指标数据分析，广东省主要工业行业包括采矿业、制造业及电力、燃气及水的生产和供应业三大门类中的38个大类，具体见表5.1-4。经对比分析，广东省统计年鉴中涉及的主要工业行业中有34个工业大类制定了用水定额标准，覆盖率为89.5%。

表5.1-4 广东省工业用水定额标准覆盖情况

序号	广东省主要工业行业		用水定额是否涵盖
	门类	大类	
1	采矿业	煤炭开采和洗选业	√
2		石油和天然气开采业	×
3		黑色金属矿采选业	√
4		非金属矿采选业	√
5	制造业	农副食品加工业	√
6		食品制造业	√
7		酒、饮料和精制茶制造业	√
8		烟草制品业	√
9		纺织业	√
10		纺织服装、服饰业	√
11		皮革、毛皮、羽毛及其制品和制鞋业	√
12		木材加工和木、竹、藤、棕、草制品业	√
13		家具制造业	√
14		造纸和纸制品业	√
15		印刷和记录媒介复制业	√

续表

序号	广东省主要工业行业		用水定额是否涵盖
	门　类	大　　类	
16	制造业	文教、工美、体育和娱乐用品制造业	√
17		石油加工、炼焦和核燃料加工业	√
18		化学原料和化学制品制造业	√
19		医药制造业	√
20		化学纤维制造业	√
21		橡胶和塑料制品业	√
22		非金属矿物制品业	√
23		黑色金属冶炼和压延加工业	√
24		有色金属冶炼和压延加工业	√
25		金属制品业	√
26		通用设备制造业	√
27		专用设备制造业	√
28		汽车制造业	√
29		铁路、船舶、航空航天和其他运输设备制造业	×
30		电气机械和器材制造业	√
31		计算机、通信和其他电子设备制造业	√
32		仪器仪表制造业	√
33		其他制造业	√
34		废弃资源综合利用业	×
35		金属制品、机械和设备修理业	×
36	电力、燃气及水的生产和供应业	电力、热力的生产和供应业	√
37		燃气生产和供应业	√
38		水的生产和供应业	√

（二）制定定额产值占地方总产值比例

2014年广东省工业增加值32511.49亿元，定额中规定的行业增加值为31438.61亿元，占总增加值的96.7%；其中火电、钢铁、纺织、石油化工、造纸等高用水行业增加值为6760.7亿元，占总增加值的 22%。

（三）制定定额种类占《国民经济行业分类与代码》（GB/T 4754—2011）比例

《广东省用水定额》（DB44/T 1461—2014）包含工业用水定额 37 个大类，120 个行业中类，367 种产品 408 项定额指标值。依据《国民经济行业分类与代码》（GB/T 4754—2011）规定的行业划分制定，工业定额大类 43 种，行业中类 205 种，广东省用水定额大类占全国的 86%。

（四）占《重点工业行业用水效率指南》确定的八大高用水行业覆盖情况

对比《重点工业行业用水效率指南》中确定的八大高耗水行业，即火电、钢铁、纺织、造纸、石化、化工、食品及发酵等，在《广东省用水定额》（DB44/T 1461—2014）中均能找到对应的定额标准（表 5.1-5）。

表 5.1-5　《重点工业行业用水效率指南》确定的高用水行业覆盖情况

高用水行业名称	主要工业产品	用水定额是否覆盖
火电行业	火力发电	√
钢铁行业	普通钢厂、特殊钢厂	√
纺织行业	纺织染整产品、毛纺织产品等	√
造纸行业	纸浆、纸、纸板	√
石化行业	原油加工、焦炭	√
化工行业	合成氨、硫酸、烧碱等	√
食品行业	饮料、矿泉水、白酒等	√
发酵行业	啤酒、味精、酱油等	√

（五）占国家已发布取水定额标准的 19 个高用水行业覆盖情况

对比国家已发布取水定额标准的 19 个高用水工业行业，在《广东省用水定额》（DB44/T 1461—2014）中已颁布 15 项用水定额标准（表 5.1-6），覆盖率达 78.9%。

表 5.1-6　　国家已发布取水定额标准的 19 个高用水行业覆盖情况

<table>
<tr><th rowspan="2">序号</th><th colspan="3">高用水行业</th><th rowspan="2">用水定额标准是否覆盖</th></tr>
<tr><th>行业名称</th><th colspan="2">主要工业产品</th></tr>
<tr><td>1</td><td>火电行业</td><td colspan="2">火力发电</td><td>√</td></tr>
<tr><td>2</td><td>钢铁行业</td><td colspan="2">普通钢厂、特殊钢厂</td><td>√</td></tr>
<tr><td>3</td><td rowspan="2">纺织行业</td><td colspan="2">纺织染整产品</td><td>√</td></tr>
<tr><td>4</td><td colspan="2">毛纺织产品</td><td>√</td></tr>
<tr><td>5</td><td>造纸行业</td><td colspan="2">制浆、纸、纸板</td><td>√</td></tr>
<tr><td>6</td><td rowspan="3">石化和化工行业</td><td colspan="2">石油炼制</td><td>√</td></tr>
<tr><td>7</td><td colspan="2">乙烯生产</td><td>√</td></tr>
<tr><td>8</td><td colspan="2">合成氨</td><td>√</td></tr>
<tr><td>9</td><td rowspan="3">酒、饮料和精制茶制造业</td><td colspan="2">啤酒</td><td>√</td></tr>
<tr><td>10</td><td colspan="2">酒精</td><td>√</td></tr>
<tr><td>11</td><td colspan="2">白酒</td><td>√</td></tr>
<tr><td>12</td><td rowspan="2">食品制造业</td><td colspan="2">味精</td><td>√</td></tr>
<tr><td>13</td><td colspan="2">柠檬酸</td><td>×</td></tr>
<tr><td>14</td><td>煤炭开采和洗选业</td><td colspan="2">选煤</td><td>√</td></tr>
<tr><td>15</td><td rowspan="2">有色金属矿采选业</td><td colspan="2">氧化铝生产</td><td>×</td></tr>
<tr><td>16</td><td colspan="2">电解铝生产</td><td>×</td></tr>
<tr><td rowspan="2">17</td><td rowspan="2">医药制造业</td><td rowspan="2">医药产品</td><td>维生素 C</td><td>×</td></tr>
<tr><td>青霉素工业盐</td><td>×</td></tr>
<tr><td>18</td><td rowspan="2">有色金属冶炼和压延加工业</td><td rowspan="2">常用有色金属冶炼</td><td>铜冶炼</td><td>√</td></tr>
<tr><td>19</td><td>铅冶炼</td><td>√</td></tr>
</table>

综合广东省统计年鉴中工业门类用水定额的覆盖率、占《国民经济行业分类与代码》（GB/T 4754—2011）用水定额的覆盖率、占广东省工业增加值的覆盖率及高耗水行业和主要产品用水定额的覆盖率，《广东省用水定额》（DB44/T 1461—2014）覆盖率为 96.7%，覆盖率优。

第二节　生活和服务业覆盖性评估

一、广西壮族自治区

在广西壮族自治区《城镇生活用水定额》（DB45/T 679—2010）中，服务业已发布的用水定额包括批发和零售业；住宿和餐饮业；金融业；水利、环境和公共设施管理业；居民服务、修理和其他服务业；教育；卫生和社会工作；文化、体育和娱乐业；公共管理、社会保障和社会组织等9个服务行业门类，见表5.2-1，在《国民经济行业分类与代码》（GB/T 4754—2011）服务业产业类别中占60%。

表5.2-1　广西壮族自治区生活和服务业用水定额标准覆盖情况

序号	分类	门类名称	用水定额是否涵盖	备注
1	生活	城镇居民生活	√	
2		农村居民生活	√	
3	服务业	批发和零售业	√	
4		交通运输、仓储和邮政业	×	
5		住宿和餐饮业	√	
6		信息传输、软件和信息技术服务业	×	
7		金融业	√	
8		房地产业	×	
9		租赁和商务服务业	×	
10		科学研究和技术服务业	×	
11		水利、环境和公共设施管理业	√	
12		居民服务、修理和其他服务业	√	洗车洗浴
13		教育	√	学校
14		卫生和社会工作	√	医院
15		文化、体育和娱乐业	√	
16		公共管理、社会保障和社会组织	√	
17		国际组织	×	

综合来看，广西生活和服务业定额标准已包含城镇居民生活用水定额、农村居民生活用水定额以及学校、医院、洗浴、洗车等高用水行业定额，但从服务业覆盖率来看，仅为60%，可见广西生活定额覆盖性优，服务业定额覆盖性一般。

二、广东省

在《广东省用水定额》（DB44/T 1461—2014）中，服务业已发布的用水定额包括批发和零售业；交通运输、仓储和邮政业；住宿和餐饮业；水利、环境和公共设施管理业；居民服务、修理和其他服务业；教育；卫生和社会工作；文化、体育和娱乐业；公共管理、社会保障和社会组织等9个服务行业门类，见表5.2-2，在《国民经济行业分类与代码》（GB/T 4754—2011）服务业产业类别中占60%。

表5.2-2　广东省生活和服务业用水定额标准覆盖情况

序号	分类	门类名称	用水定额是否涵盖	备注
1	生活	城镇居民生活	√	
2		农村居民生活	√	
3	服务业	批发和零售业	√	
4		交通运输、仓储和邮政业	×	
5		住宿和餐饮业	√	
6		信息传输、软件和信息技术服务业	×	
7		金融业	×	
8		房地产业	√	
9		租赁和商务服务业	×	
10		科学研究和技术服务业	×	
11		水利、环境和公共设施管理业	√	
12		居民服务、修理和其他服务业	√	洗车洗浴
13		教育	√	学校
14		卫生和社会工作	√	医院
15		文化、体育和娱乐业	√	
16		公共管理、社会保障和社会组织	√	
17		国际组织	×	

综合来看，广东省生活和服务业定额标准已包含城镇居民生活用水定额、农村居民生活用水定额以及学校、医院、洗浴、洗车等高用水行业定额，但从服务业覆盖率来看，仅为60%，可见广东省生活用水定额覆盖性优，服务业用水定额覆盖性一般。

第三节 小 结

本书工业用水定额覆盖性从5方面进行评价：是否涵盖定额所在省区统计年鉴中确定的主要用水工业行业；按《国民经济行业分类与代码》（GB/T 4754—2011）统计本省（区）工业用水定额占国家标准的比例；统计工业用水定额制定的产品产值占本省工业总产值的比例；是否涵盖《重点工业行业用水效率指南》中确定的八大高耗水行业；是否涵盖国家已发布取水定额标准的19个高用水行业。

生活和服务业用水定额覆盖性从4个方面进行评价：是否覆盖本省（区）统计年鉴中确定的主要服务业类别；是否涵盖服务业在《国民经济行业分类》（GB/T 4754—2011）中的15个产业部门；主要高耗水服务业是否已制定相应的用水定额标准；生活用水定额是否区分城镇居民生活用水定额和农村居民生活用水定额。

综合评价结果：广西壮族自治区、广东省制定的工业行业用水定额标准的覆盖率分别为56.1%、89.5%；制定的定额产值在所属省区达到的比例分别为83.2%、96.7%；制定定额的种类占《国民经济行业分类与代码》（GB/T 4754—2011）的覆盖比例分别为53.5%、86.0%；对比《重点工业行业用水效率指南》确定的八大高用水行业，广西壮族自治区、广东省均已经制定相应的定额标准；此外，对于国家发布取水定额的19个高用水行业，广西壮族自治区、广东省高用水行业用水定额标准的覆盖率分别为84.2%、78.9%，见表5.3-1。

广西壮族自治区、广东省生活和服务业用水定额标准的覆盖率均为60.0%，覆盖率有待提高，见表5.3-2。

表 5.3-1　　广西壮族自治区、广东省工业用水定额覆盖率统计表

单位：%

省（区）	分类（大类-中类-产品）	统计年鉴中确定的主要工业行业定额标准覆盖率	制定定额产值占总产值比例	制定定额种类占《国民经济行业分类与代码》种类比例	《重点工业行业用水效率指南》确定的八大高用水行业覆盖情况	国家已发布取水定额标准的19个高用水行业覆盖情况
广西壮族自治区	23-93-188	56.1	83.2	53.5	100	84.2
广东省	37-120-367	89.5	96.7	86.0	100	78.9

表 5.3-2　　广西壮族自治区、广东省生活和服务业用水定额覆盖率统计表

省（区）	制定定额种类占《国民经济行业分类与代码》种类比例	生活是否区分城市规模
广西壮族自治区	60.0%	否（按住宅类型划分）
广东省	60.0%	是

第六章

用水定额合理性评估

第一节　工业合理性评估

一、广西壮族自治区

（一）是否依据《国民经济行业分类与代码》（GB/T 4754—2011）规定的行业划分制定

《广西壮族自治区工业行业主要产品用水定额》（DB45/T 678—2010）中的工业用水定额没有按照门类和大类划分，仅标识了中类的行业代码和行业类别。经逐项对比，《广西壮族自治区工业行业主要产品用水定额》（DB45/T 678—2010）共有53项行业代码和行业类别与《国民经济行业分类与代码》（GB/T 4754—2011）中的中类代码及类别名称不一致的（表6.1-1），可见广西壮族自治区制定的工业用水定额行业划分与国家标准符合性较差，建议广西壮族自治区以后修订的工业用水定额需严格按照《国民经济行业分类与代码》（GB/T 4754—2011）中的行业名称和代码制定。

（二）是否结合省内产业结构特点、经济发展水平制定用水定额

根据广西壮族自治区统计年鉴资料分析，广西壮族自治区工业中对当地生产总值贡献率最大的前七大工业行业分别为：黑色金属冶炼及压延加工业、农副食品加工业、汽车制造、非金属矿物制品业、电力-热力的生产和供应业、有色金属冶炼及压延加工业、化学原料及化

表 6.1-1　　广西壮族自治区部分工业用水定额名称和代码与国家标准不一致内容统计表

序号	代码、名称		代码	名　称	广西壮族自治区工业用水定额	《国民经济行业分类与代码》(GB/T 4754—2011)
1	代码编号一致，名称不同	中类	1340		制糖	制糖业
2			1440		液体乳及乳制品制造	乳制品制造
3			1741		缫丝加工业	缫丝加工
4			2022		人造板制造	纤维板制造
5			2023		人造板制造	刨花板制造
6			2710		化学药品原药制造	化学药品原料药制造
7			2740		中成药制造	中成药生产
8	代码编号不一致，名称相同	中类		盐加工	1493	1494
9				酒精制造	1510	1511
10				白酒制造	1521	1512
11				啤酒制造	1522	1513
12				葡萄酒制造	1524	1515
13				其他酒制造	1529	1519
14				瓶（罐）装饮用水制造	1532	1522
15				果蔬汁及果蔬汁饮料制造	1533	1523
16				茶饮料及其他饮料制造	1539	1529
17				肥皂及合成洗涤剂制造	2671	2681
18				口腔清洁用品制造	2673	2683
19				轮胎制造	2910	2911
20				橡胶零件制造	2930	2913
21				塑料薄膜制造	3010	2921
22				塑料板、管、型材制造	3020	2922
23				塑料丝、绳及编织品制造	3030	2923
24				塑料人造革、合成革制造	3050	2925

续表

序号	代码、名称		代码	名　称	广西壮族自治区工业用水定额	《国民经济行业分类与代码》（GB/T 4754—2011）
25	代码编号不一致，名称相同	中类		其他塑料制品制造	3090	2929
26				水泥制造	3111	3011
27				水泥制品制造	3121	3021
28				黏土砖瓦及建筑砌块制造	3131	3031
29				平板玻璃制造	3141	3041
30				日用陶瓷制品制造	3153	3073
31				炼铁	3210	3110
32				炼钢	3220	3120
33				铁合金冶炼	3240	3150
34				铅锌冶炼	3312	3212
35				锡冶炼	3314	3214
36				锑冶炼	3315	3215
37				铝冶炼	3316	3216
38				钨钼冶炼	3331	3231
39				稀土金属冶炼	3331	3232
40				建筑工程用机械制造	3613	3513
41				拖拉机制造	3671	3571
42				其他专用设备制造	3699	3599
43				汽车整车制造	3721	3610
44				电线、电缆制造	3931	3831
45				电池制造	3940	384
46				家用通风电器具制造	3953	3853
47	代码编号和名称均不一致	中类	—		1710 棉、化纤纺织及印染精加工	171 棉纺织及印染精加工
48					1760 针织品、编织品及其制品制造	1763 针织或钩针编织品制造
49					2210 纸浆制造	2211 木竹浆制造

续表

序号	代码、名称		代码	名称	广西壮族自治区工业用水定额	《国民经济行业分类与代码》（GB/T 4754—2011）
50	代码编号和名称均不一致	中类	—		3145 日用玻璃制品及容器制造	3054 日用玻璃制品制造
51					3290 其他黑色金属冶炼及压延加工业	无此项
52					3351 常用有色金属压延加工	3262 铝压延加工
53					3512 内燃机制造	3412 内燃机及配件制造

学制品制造业（表 6.1－2）。对照广西壮族自治区《工业行业主要产品用水定额》（DB45/T 678—2010），这七大工业行业均制定了用水定额标准，由此可见，广西壮族自治区工业用水定额是结合本省产业结构特点制定的。

表 6.1－2　广西壮族自治区 2014 年工业行业生产总值调查表

序号	行业名称	2014 年工业总产值/亿元	占工业总产值比重/%
1	黑色金属冶炼及压延加工业	2449.12	11.87
2	农副食品加工业	2232.57	10.82
3	汽车制造	2155.21	10.44
4	非金属矿物制品业	1490.86	7.22
5	电力、热力的生产和供应业	1275.86	6.18
6	有色金属冶炼及压延加工业	1195.67	5.79
7	化学原料及化学制品制造业	1024.50	4.96
合计		11823.79	57.28

（三）是否按照生产工艺和生产规模分别制定用水定额标准

广西壮族自治区按照用水定额合理性评估技术要求，对部分行业用水定额按照生产规模或生产工艺分别制定定额值。如：白酒制造按照清香型、浓香型制定定额；基础化学原料制造中烧碱分别按照离子膜法、隔膜法制定定额；内燃机制造中柴油机分别按照单缸、多缸制定定额；

火电行业分别以 300MW 以下和 300MW 以上为界，按照循环和直流两种冷却方式制定。因此，从此方面来讲，广西壮族自治区工业用水定额标准的制定是符合要求的。

（四）用水定额与现状水平的对比情况

结合资料收集情况，本次挑选了广西壮族自治区特色和高用水行业与广西壮族自治区制定的用水定额进行对比分析，见表 6.1－3。经对比，广西壮族自治区已颁布的工业行业用水定额标准中，漂白化学木（竹）浆、铝加工材大于现状平均水平，漂白化学非木（麦草、芦苇、甘蔗渣）浆与现状基本一致、生活用纸颁布定额小于现状用水水平。

表 6.1－3　广西壮族自治区用水定额与现状用水水平对比表

<table>
<tr><th rowspan="2">行业名称</th><th rowspan="2">产品名称</th><th rowspan="2">定额单位</th><th rowspan="2">广西壮族自治区颁布定额</th><th colspan="4">调查企业定额数据</th></tr>
<tr><th>产品样本数</th><th>最大值</th><th>最小值</th><th>平均值</th></tr>
<tr><td rowspan="2">电力生产</td><td>直流式</td><td rowspan="2">m^3/(MW·h)</td><td>130～150</td><td>2</td><td>104.9</td><td>92.5</td><td>98.7</td></tr>
<tr><td>循环式</td><td>3.84～4.8</td><td></td><td></td><td></td><td></td></tr>
<tr><td rowspan="6">纸浆</td><td>漂白化学木（竹）浆</td><td>m^3/t</td><td>≤70</td><td>1</td><td>25.33</td><td>25.33</td><td>25.33</td></tr>
<tr><td>本色化学木（竹）浆</td><td>m^3/t</td><td>≤50</td><td></td><td></td><td></td><td></td></tr>
<tr><td>漂白化学非木（麦草、芦苇、甘蔗渣）浆</td><td>m^3/t</td><td>≤110</td><td>1</td><td>103.45</td><td>103.45</td><td>103.45</td></tr>
<tr><td>脱墨废纸浆</td><td>m^3/t</td><td>≤24</td><td></td><td></td><td></td><td></td></tr>
<tr><td>未脱墨废纸浆</td><td>m^3/t</td><td>≤16</td><td></td><td></td><td></td><td></td></tr>
<tr><td>化学机械浆</td><td>m^3/t</td><td>≤25</td><td></td><td></td><td></td><td></td></tr>
<tr><td rowspan="4">日常生活用纸</td><td>新闻纸</td><td>m^3/t</td><td>≤20</td><td></td><td></td><td></td><td></td></tr>
<tr><td>印刷书写纸</td><td>m^3/t</td><td>≤35</td><td></td><td></td><td></td><td></td></tr>
<tr><td>生活用纸</td><td>m^3/t</td><td>≤30</td><td>2</td><td>72.22</td><td>25.3</td><td>48.76</td></tr>
<tr><td>包装用纸</td><td>m^3/t</td><td>≤25</td><td></td><td></td><td></td><td></td></tr>
<tr><td>常用有色金属压延加工</td><td>铝加工材</td><td>m^3/t</td><td>≤38</td><td>1</td><td>3.1</td><td>0.5</td><td>1.9</td></tr>
<tr><td rowspan="2">铝冶炼</td><td>氧化铝</td><td>m^3/t</td><td>≤5</td><td>2</td><td>4.58</td><td>2.62</td><td>3.6</td></tr>
<tr><td>电解铝</td><td>m^3/t</td><td>≤4.5</td><td>1</td><td>4.3</td><td>4.3</td><td>4.3</td></tr>
<tr><td>铝矿采选</td><td>铝土矿</td><td>m^3/t</td><td>≤3.0</td><td>2</td><td>2.2</td><td>1.91</td><td>2.06</td></tr>
</table>

注　表中加粗部分为用水定额宽于现状平均水平。

综上，《广西壮族自治区工业行业主要产品用水定额》（DB45/T 678—2010）制定的工业定额标准与广西壮族自治区产业结构特点和经济发展水平相适应；部分行业产品是按照生产规模、生产工艺制定的定额标准；但与《国民经济行业分类与代码》（GB/T 4754—2011）符合性较差，共有53项行业代码和类别不一致；广西壮族自治区制定的工业用水定额与现状平均用水水平基本适应。《广西壮族自治区工业行业主要产品用水定额》（DB45/T 678—2010）基本合理。

二、广东省

（一）是否依据《国民经济行业分类与代码》（GB/T 4754—2011）规定的行业划分制定

通过逐项对比，《广东省用水定额》（DB44/T 1461—2014）的行业代码和行业类别与《国民经济行业分类与代码》（GB/T 4754—2011）是一致的，符合定额编制要求。

（二）是否结合省内产业结构特点、经济发展水平制定用水定额

根据统计年鉴资料分析，广东省规模以上行业主要有化学原料和化学制品制造业、汽车制造业、金属制品业、非金属矿物制品业、橡胶和塑料制品业、纺织服装服饰业、有色金属和压延加工业等五十多个工业类别。对照《广东省用水定额》（DB44/T 1461—2014），这五十多个类别均制定了用水定额标准，由此可见，广东省工业用水定额是结合本省产业结构特点制定的。广东省工业产值超过3000亿元以上的行业见表6.1-4。

表6.1-4　　广东省2014年工业行业生产总值调查表

序号	行业名称	2014年工业总产值/亿元	占工业总产值比重/%
1	化学原料和化学制品制造业	6127.36	5.12
2	汽车制造业	5485.91	4.58
3	金属制品业	5482.46	4.58
4	非金属矿物制品业	4753.43	3.97
5	橡胶和塑料制品业	4582.36	3.83
6	文教、工美、体育和娱乐用品制造业	4289.16	3.58

续表

序号	行业名称	2014年工业总产值/亿元	占工业总产值比重/%
7	纺织服装服饰业	3791.61	3.17
8	通用设备制造业	3519.21	2.94
9	有色金属冶炼和压延加工业	3266.23	2.73
10	农副食品加工业	3000.43	2.51
合计		44298.16	37.01

（三）是否按照生产工艺和生产规模分别制定用水定额标准

广东省按照用水定额合理性评估技术要求，对部分行业用水定额按照生产规模或生产工艺分别制定定额值。如：纯碱按照氨碱法、联碱法分别制定用水定额；烧碱按照离子膜敷和隔膜法分别制定用水定额；火电行业以300MW和600MW为界分别制定；因此，从此方面来讲，广东省工业用水定额标准的制定是符合要求的。

（四）用水定额与现状水平的对比情况

结合资料收集情况，本次挑选了广东省特色和高用水行业与广东省制定的用水定额进行对比分析，见表6.1-5。经对比，机制纸、纸箱、合成氨、小家电、给排水管件、二氧化碳、牛仔裤等产品用水定额与实际用水水平相差较大，比例达到28%。

表6.1-5　　广东省用水定额与现状用水水平对比表

行业名称	产品名称	定额单位	用水定额标准	现状平均水平
电力生产	直流式	$m^3/(MW\cdot h)$	0.46～0.79	1.10
	循环式		2.4～3.2	**0.2**
造纸	机制纸	m^3/t	16	5.97
	纸箱		22	**9**
	印刷品	m^3/万印	0.9	7.73
	瓦楞纸	m^3/t	20	30.82
	白纸板		30	**17.36**
肥料制造	合成氨	m^3/t	27	306.8

续表

行业名称	产品名称	定额单位	用水定额标准	现状平均水平
基础化学原料制造	烧碱	m^3/t	20	**10**
	盐酸	m^3/万件	8.1	9.27
棉纺织及印染精加工	棉布	m^3/100m	2	**1.3**
	印染布	m^3/万 m	170	**148.4**
	针织品	m^3/t	250	**200**
炼钢	钢	m^3/t	4.5	**3.87**
合成材料制造	聚苯乙烯	m^3/t	2.0	**1.7**
酒的制造	啤酒	m^3/kL	5.5	**5.31**
化学药品原药制造	头孢类原料药	m^3/t	300	**211.3**
化学药品制剂制造	西药胶囊	m^3/万粒	0.8	**0.5**
家用电力器具制造	小家电	m^3/万台	200～300	**102**
	空调	m^3/台	7.0	**4.0**
饮料制造	碳酸饮料	m^3/t	2.8	**2.01**
塑料制品	给排水管件	m^3/t	12.5	**4.1**
	塑料杂品		11	**8.9**
精炼石油产品制造	二氧化碳	m^3/t	43	**0.12**
机织服装制造	牛仔裤	m^3/万条	300	**170**

注 表中加粗部分为用水定额标准宽于现状平均水平。

综上，《广东省用水定额》（DB44/T 1461—2014）行业分类与代码与《国民经济行业分类与代码》（GB/T 4754—2011）符合性好，工业用水定额标准与广东省产业结构特点和经济发展水平相适应，部分行业产品是按照生产规模、生产工艺制定的定额标准；广东制定的大部分工业用水定额与现状平均用水水平基本一致，部分定额相差较大。总体而言，广东省制定的工业用水定额基本合理。

第二节 生活和服务业合理性评估

一、广西壮族自治区

(一) 生活用水定额合理性评估

广西壮族自治区在2010年发布的《城镇生活用水定额》(DB45/T 679—2010)中，制定了城镇生活用水定额标准，在2012年发布的《农林牧渔业及农村居民生活用水定额》中制定了农村生活用水定额标准。

根据《广西壮族自治区水资源公报》(2014年)，2014年广西城镇居民人均生活用水量为189L/d，介于广西壮族自治区制定的城镇居民生活用水定额标准140～220L/(人·d)之间，农村居民人均生活用水量为135L/d，高于农村居民生活用水定额标准70～120L/(人·d)。从此方面讲，广西壮族自治区城镇居民生活用水定额与现状用水水平是一致的，农村居民生活用水定额有待复核。

从典型调查数据来讲，本次收集到的样本数据显示高档住宅人均生活用水量为199.7L/d，略低于定额中D类住宅用水定额220L/(人·d)。除此以外，通过广西壮族自治区《城镇生活用水定额》编制说明，为制定居民生活用水定额标准，典型调查涉及680多家住户(小区)共6000多人用水，收集到2005—2007年居民人均日用水量数据2000多个，从这方面讲，广西壮族自治区制定的居民生活用水水平与现状用水水平是一致的。

综上，广西壮族自治区目前执行的生活用水定额标准能客观反映当前用水实际，且与现状用水水平基本一致，因此，广西壮族自治区生活用水定额是合理的。

(二) 服务业用水定额合理性

通过逐项对比，《城镇生活用水定额》(DB45/T 679—2010)共有26项行业代码和类别与《国民经济行业分类与代码》(GB/T 4754—2011)不一致，可见广西壮族自治区制定的服务行业用水定额行业划分与国家标准符合性略有不同，建议广西壮族自治区以后修订的服务业用水定额需严格按照《国民经济行业分类与代码》（GB/T 4754—2011）中的行业名称和代码制定（表6.2－1）。

表6.2－1　广西壮族自治区服务业用水定额名称和代码与国家标准不一致内容统计表

<table>
<tr><th>序号</th><th colspan="2">代码、名称</th><th>名　称</th><th>广西壮族自治区工业用水定额或代码</th><th>国民经济行业分类与代码</th></tr>
<tr><td>1</td><td rowspan="16">代码编号不一致，名称相同</td><td rowspan="16">中类</td><td>综合零售</td><td>H6510</td><td>F521</td></tr>
<tr><td>2</td><td>食品、饮料及烟草专门制品零售</td><td>H6520</td><td>F522</td></tr>
<tr><td>3</td><td>公园管理</td><td>N8132</td><td>N7851</td></tr>
<tr><td>4</td><td>学前教育</td><td>P84100</td><td>P8210</td></tr>
<tr><td>5</td><td>初等教育</td><td>P8420</td><td>P822</td></tr>
<tr><td>6</td><td>中等教育</td><td>P8430</td><td>P823</td></tr>
<tr><td>7</td><td>高等教育</td><td>P8440</td><td>P824</td></tr>
<tr><td>8</td><td>职业技能培训</td><td>P8491</td><td>P8291</td></tr>
<tr><td>9</td><td>医院</td><td>Q8510</td><td>Q831</td></tr>
<tr><td>10</td><td>艺术表演场馆</td><td>R9020</td><td>R8720</td></tr>
<tr><td>11</td><td>图书馆</td><td>R9031</td><td>R8731</td></tr>
<tr><td>12</td><td>档案馆</td><td>R9032</td><td>R8732</td></tr>
<tr><td>13</td><td>博物馆</td><td>R9050</td><td>R8750</td></tr>
<tr><td>14</td><td>体育场馆</td><td>R9120</td><td>R8820</td></tr>
<tr><td>15</td><td>室内娱乐活动</td><td>R9210</td><td>891</td></tr>
<tr><td>16</td><td>国家行政机构</td><td>S9420</td><td>S9120</td></tr>
<tr><td>17</td><td rowspan="7">代码编号和名称均不一致</td><td rowspan="7">中类</td><td rowspan="7"></td><td>I6610 宾馆、旅社、招待所</td><td>H6110 旅游饭店</td></tr>
<tr><td>18</td><td>I6710 正餐</td><td>H6210 正餐服务</td></tr>
<tr><td>19</td><td>I6720 快餐</td><td>H6220 快餐服务</td></tr>
<tr><td>20</td><td>I6730 冷饮</td><td>H623 饮料及冷饮服务</td></tr>
<tr><td>21</td><td>I6790 小吃</td><td>H6291 小吃服务</td></tr>
<tr><td>22</td><td rowspan="2">J、L 金融商务服务场所</td><td>J 金融业</td></tr>
<tr><td>23</td><td>L 租赁和商务服务业</td></tr>
</table>

续表

序号	代码、名称		名　称	广西壮族自治区工业用水定额或代码	国民经济行业分类与代码
24	代码编号和名称均不一致	中类		N8120 城市绿化管理	N7840 绿化管理
25				O8311 汽车、摩托车维护与保养	O801 汽车、摩托车修理与维护
26				Q8510 门诊部	Q8330 门诊部（所）

根据广西壮族自治区水资源管理部门提供的资料，广西服务业用水定额是结合省内服务业结构特点、经济发展水平制定的，且本次服务业用水定额是对《广西壮族自治区主要行业取（用）水定额》（试行）中的服务业用水定额进行修订的，符合定期修订的要求。

将广西壮族自治区部分高用水服务业用水定额与现状用水水平进行对比（表 6.2-2），经分析，宾馆、旅社、招待所、餐饮行业用水定额与现状用水水平基本一致，但学校、医院、机关事业单位、汽车摩托车维护与保养用水定额均小于现状用水水平。

表 6.2-2　广西壮族自治区部分高用水服务业用水定额与现状用水水平对比表

行业名称	产品名称	定额单位	定额值	现状平均水平
宾馆、旅社、招待所	三星级	m^3/(床·a)	300	216
	四星级		400	318
餐饮	正餐	m^3/(餐位·月)	4.8	4.76
学校	中等教育	m^3/(人·月)	3.3	3.8
医院	全院综合	m^3/(m^2·a)	3.0	3.4
机关事业单位	有食堂	m^3/(人·月)	4	14.9
汽车、摩托车维护与保养	大型汽车	m^3/车次	0.5	2.3

综上所述，广西壮族自治区目前执行的服务业用水定额与《国民经济行业分类》（GB/T 4754—2011）有 26 项服务业名称不符；制定的服务业用水定额标准与现状用水水平基本一致。广西壮族自治区制定的服务业用水定额基本合理。

二、广东省

（一）生活用水定额合理性评估

广东省在2014年发布的《广东省用水定额》（DB44/T 1461—2014）中，均制定了城镇生活用水定额标准和农村生活用水定额标准。

根据《广东省水资源公报》（2014年），2014年广东省城镇居民人均生活用水量为193L/d，介于广东省制定的城镇居民生活用水定额标准155～200L/(人·d）之间；农村居民人均生活用水量为137L/d，略低于农村居民生活用水定额标准140～150L/(人·d)。从此方面讲，广东省生活用水定额与现状用水水平基本一致。

除此以外，《广东省用水定额编制报告》制定过程中，对21个地市开展了居民用水状况调查，共收集了城镇居民生活样本6227户，农村居民生活样本7422户，并按照住房类型的不同、有无水表计量等方面划分数据，从水资源条件、城市性质和规模、供水条件、节水等方面开展分析，编制各城市类别的城镇生活用水和农村生活用水，从这方面讲，广东省制定的居民生活用水水平与现状用水水平是一致的。

综上，广东省目前执行的生活用水定额标准能客观反映当前用水实际，且与现状用水水平基本一致，因此，广东省生活用水定额是合理的。

（二）服务业用水定额合理性

通过逐项对比，《广东省用水定额》（DB44/T 1461—2014）共有8项行业代码和类别与《国民经济行业分类与代码》（GB/T 4754—2011）不一致，见表6.2-3，广东省制定的服务行业用水定额行业划分与国家标准符合性略有不同，建议广东省以后修订的服务业用水定额需严格按照《国民经济行业分类与代码》（GB/T 4754—2011）中的行业名称和代码制定。

根据广东省水资源管理部门提供的资料，广东省服务业用水定额是结合省内服务业结构特点、经济发展水平制定的，且本次服务业用水定额是对2007年分步实施的《广东省用水定额》（试行）中的服务业用水定额进行修订的，符合定期修订的要求。

表 6.2-3　广东省服务业用水定额名称和代码与国家标准不一致内容统计表

序号	代码、名称	代码	广东省服务业用水定额	国民经济行业分类与代码
1	代码编号一致，名称不同	784	城市绿化管理	绿化管理
2		794	理发及美容保健服务	理发及美容服务
3		801	修理与护理	汽车、摩托车修理与维护
4		833	门诊部医疗活动	门诊部（所）
5		865	电影	电影放映
6		872	艺术表演馆	艺术表演场馆
7		883	休闲健身娱乐活动	休闲健身活动
8		912	机关事业单位	国家行政机构

选择典型高等教育和医院等高用水服务业与现状用水水平进行对比，见表 6.2-4，经分析可以看出，广东省高等教育行业现状用水水平高于用水定额约 30%，医院现状用水水平偏低于用水定额 20%。

表 6.2-4　广东省部分高用水服务业用水定额与现状用水水平对比表

行业名称	产品名称	定额单位	定额值	现状平均水平
高等教育	高等教育	L/(人·d)	189	250
医院	住院部	L/(床·d)	1150	928

综上所述，广东省目前执行的服务业用水定额与《国民经济行业分类》(GB/T 4754—2011) 有 8 项服务业名称不符；制定的服务业用水定额标准本与现状用水水平基本保持一致。广东省制定的服务业用水定额基本合理。

第三节　小　　结

本书工业用水定额合理性从 4 个方面评价：是否依据《国民经济行业分类与代码》(GB/T 4754—2011) 的规定分别按照采矿业，制造业，电力、热力、燃气及水生产和供应业等三大门类进行划分制定，行业名称和代码是否与其保持一致；是否结合省（区）内产业结构特点、经济发展水平制定；是否按照生产工艺和生产规模分别制定；用水定额与现状用水水平的对比情况，见表6.3-1。

生活和服务业用水定额合理性从3个方面进行评价：用水定额是否依据《国民经济行业分类与代码》（GB/T 4754—2011）规定的行业划分制定；是否结合省内服务业结构特点、经济发展水平制定；用水定额和现状用水水平的对比情况。

广西壮族自治区、广东省工业用水定额综合评价结果：在与《国民经济行业分类与代码》（GB/T 4754—2011）符合方面，广西壮族自治区有53项不符。两省（区）用水定额与现状用水水平基本一致，其中广西壮族自治区区级定额漂白化学木（竹）浆、铝加工材定额偏大，生活用水定额偏小；广东省合成氨用水定额低于现状水平，二氧化碳用水定额高于现状用水水平。

表6.3-1　　广西壮族自治区和广东省工业用水定额合理性统计表

省（区）	与《国民经济行业分类与代码》（GB/T 4754—2011）相符性	是否结合省内产业结构特点、经济发展水平制定用水定额	是否按照生产工艺和生产规模分别制定用水定额标准	与现状水平比较
广西壮族自治区	53项不符	是	是	漂白化学木（竹）浆、铝加工材定额偏大，生活用水定额偏小
广东省	相符	是	是	循环式电力生产、白纸板、二氧化碳、牛仔裤用水定额高于现状用水水平，印刷品、合成氨用水定额低于现状水平

广西壮族自治区、广东省生活和服务业用水定额综合评价结果：颁布实施的取水定额标准与《国民经济行业分类与代码》（GB/T 4754—2011）符合方面，广西壮族自治区有26项不符，广东省有8项不符，生活和服务业用水定额与现状调查的用水水平基本保持一致

（表 6.3－2）。

表 6.3－2　广西壮族自治区、广东省生活和服务业用水定额合理性统计表

省（区）	与《国民经济行业分类与代码》的相符性	生活用水定额与现状用水水平的比较	服务业用水定额与现状用水水平的比较
广西壮族自治区	26 项不符	基本一致	基本一致
广东省	8 项不符	基本一致	基本一致

第七章 实用性评估

第一节 工业实用性评估

一、广西壮族自治区

《广西壮族自治区工业行业主要产品用水定额》（DB45/T 678—2010）在规划编制、水资源论证、取水许可审批、计划用水管理、节水水平评估、节水载体创建等方面得到了较好应用。资料显示广西壮族自治区实施了用水定额管理的企业，用水管理制度严格，节水意识浓厚，水重复利用率，冷却水循环率，废污水达标排放率普遍较高。如钦南区那彭欧亚公司糖厂，积极推行清洁生产，加强生产管理，建立取、用、排水管理制度，共投入330多万元资金进行节水工艺改造，实行冷却水清浊分流回收，存灰池污水实现了零排放，实行严格的取、用水定额管理与计量考核制度，水、电等能耗直接与车间、班组效益及工人工资挂钩，取水量由改造前每榨季650万～700万m^3减少到250万～300万m^3，取水定额降低到$9m^3/t$（原料蔗）以下，全厂水重复利用率提高到80%以上，水资源费、电费、排污费支出明显减少，企业效益明显。

广西壮族自治区的工业用水定额在纺织业等行业分为A级和B级，规定对1998年7月1日起新、扩、改建企业执行A级标准，1998年7月1日以前投产的企业执行B级标准，既保障了历史企业的正常运行，也从节水角度对新投产企业提出了要求，实用性较好。

然而广西壮族自治区工业用水定额2010年发布，2015年统计年鉴显示计算机、通信和其他电子设备制造业行业产值占工业总产值的4.68%，排名第八位，是广西壮族自治区工业中比较重要的行业之一，但定额中没有该行业的产品定额，给企业取水许可审批、用水定额管理以及管理部门对该行业计划用水管理、节水水平评估带来了不便，从这个方面讲实用性较差。

综合分析，《广西壮族自治区工业行业主要产品用水定额》（DB45/T 678—2010）实用性一般。

二、广东省

用水定额管理不仅是实施最严格水资源管理制度的一项重要基础性工作，而且对于开展节水管理、合理配置水资源、提高用水效率，促进水资源可持续和保障经济社会可持续发展均有重要意义。如广州市根据企业用水情况和定额要求，对数百个工业和生活企业制定了年度用水计划；佛山市北滘自来水厂（新建）、湛江生物质发电厂建设、中国石油化工股份有限公司茂名分公司油品质量省级扩建等项目的水资源论证，都是直接根据定额中单位产品用水量的数据来确定其取用水合理性的。广东省用水定额在促进企业和社会节水中也发挥了重要作用。如珠江啤酒、广州本田、广钢集团、沙角电厂、茂名石化、茂名热电厂等大型企业，都对照定额的要求，开展节水活动，目前这些企业用水水平都较先进。

从执行成效来说，2010年后广东省总用水量有所下降，从469.0亿m^3降到2014年的442.5亿m^3，其中工业用水量从138.8亿m^3略减至117.0亿m^3，万元GDP用水量由103m^3下降到86m^3，万元工业增加值用水量由65m^3下降到33m^3。

综合分析，《广东省用水定额》（DB44/T 1461—2014）实用性较好。

第二节　生活和服务业实用性评估

一、广西壮族自治区

（一）用水定额应用与城镇用水管理

建立健全以水资源总量控制与定额管理为核心的水资源管理体系是广西壮族自治区节水型社会建设的主要任务和目标。加强用水定额管理制度和相关执法法规规定，明确城镇生活用水定额的使用和管理办法，为城镇生活用水管理提供依据。

（二）用水定额与计划用水

广西壮族自治区用水定额的发布，对建立健全用水统计制度具有重要意义，通过定期统计报送和用水定额管理，为居民、公共管理和服务部门的用水情况分析考核制度提供重要依据；与此同时通过考核用水水平和效率，追踪用水定额变化规律，为节约用水管理和《城镇和生活用水定额》修订提供基础依据。

（三）用水定额应用于分类和阶梯水价

关于印发《广西壮族自治区城镇供水价格管理办法》（桂价格〔2011〕108号）的通知对超计划和超定额的非居民用水，实行累进加价收费制度。以旅游业为主或季节性消费特点明显的城镇可实行季节性水价。城镇供水逐步实行容量水价和计量水价相结合的两部制水价。容量水价用于补偿供水的固定资产成本，计量水价主要用于补偿供水的运营成本。居民生活用水在具备一户一表的条件下，实行阶梯式计量水价。分类和阶梯水价得以顺利实施，与用水定额密切相关。

（四）生活用水定额与用水配置

生活用水定额在城镇生活用水配置中具有重要意义，广西壮族自治区的水资源管理与水资源规划中生活用水的预测均参照生活用水定额，如水资源综合规划、各地市水资源综合规划、北部湾经济区水资源供需态势与合理配置等。

（五）用水定额与节水型单位创建

在广西壮族自治区节水型企业（单位）考评报告书中，其中一项指标是“实行定额管理、节奖超罚”，可见广西壮族自治区已经将用水定额管理在单位节水工作中用到实处，通过定额的评估和节水措施的评估检验用水单位是否存在浪费现象，加强企业节水管理。

二、广东省

广东省生活和服务业用水定额标准主要应用于实施阶梯式水价、节水水平评估以及开展节水型单位创建等工作。

如为促进节约用水，提高用水效率，广东省水利厅制定了《广东省节约用水办法》（简称《办法》）。

《办法》第十条“分类管理”提到，城镇居民生活用水要实行定额管理和阶梯水价相结合的管理制度。单位用水实行计划用水，并实施超定额、超计划用水累进加价制度（办法所称城镇居民生活用水，是指城镇居民因日常生活需要在居住场所发生的用水行为。所称单位用水，是指机关、企事业单位和其他组织在生产、经营、科研、教学、管理等过程中发生的用水行为）。

《办法》第二十五条“服务业节水”提到，餐饮、宾馆、水上娱乐等服务业单位，应当采用节水技术、设备和设施。游泳、洗浴、洗车、洗衣等特殊行业用水，应当采用低耗水、循环净化用水等节水技术、设备和设施。城市绿化、环境卫生等市政用水以及生态景观用水应当优先使用再生水、雨水等非常规水源。有条件使用再生水的单位，应当优先使用再生水。

第三节 小　　结

工业用水定额实用性评估主要从工业用水定额是否应用于工业用水管理；是否应用于水资源论证、取水许可审批、计划用水管理和考核及节水型企业创建等工作。

生活和服务业用水定额实用性评估主要是从是否应用于生活和服

务业用水管理，是否按照用水定额下达取用水户年度用水计划，是否按照用水定额实施服务业阶梯式水价，是否参照用水定额开展节水型单位（学校、机关等）创建等工作等方面进行评估。

经评估，广西壮族自治区、广东省的工业用水定额在工业用水管理、水资源论证、取水许可审批、计划用水管理和考核及节水型企业创建中均得到了应用。生活和服务业用水定额在城镇生活用水管理、需水预测、配置生活用水量、服务业用水管理、年度用水计划等方面均得到了应用。

第八章

先进性评估

第一节　工业先进性评估

一、广西壮族自治区

19 项国家取水定额标准中，广西壮族自治区制定了 16 项，将广西壮族自治区这 16 个行业的用水定额与国家标准相比较，分析广西壮族自治区用水定额标准的先进性。

16 项高用水定额包括：火电、钢铁、石油、合成氨、纺织（纺织染整产品、毛纺织产品）、造纸、啤酒、酒精、味精、白酒、氧化铝、电解铝、选煤、医药产品（维生素 C、青霉素工业盐）。

在与国家已颁布的定额标准对比分析的基础上，选择相邻的云南省、贵州省、广东省与广西壮族自治区用水定额进行横向对比分析，进一步分析广西壮族自治区定额标准制定的先进性。

（一）火电

通过与国家已颁布的火力发电企业单位发电量取水量标准对比，广西壮族自治区制定定额值宽于国家取水定额标准（表 8.1-1）。

与相邻的云南省、贵州省、广东省相比较，广西壮族自治区火电行业取水定额宽于贵州省、广东省、云南省（表 8.1-2）。

（二）钢铁

与国家已颁布的钢铁联合企业取水定额标准对比，广西壮族自治区未划分现有钢厂和新建钢厂，只制定了一个取水定额值，宽于国家新建企业取水定额标准，严于现有企业取水定额标准（表 8.1-3）。

表 8.1-1 广西壮族自治区火力发电企业单位发电量取水量定额与国家取水定额对比表 单位：$m^3/(MW \cdot h)$

序号	机组冷却形式	单机容量	《国家取水定额标准》(GB/T 18916.1—2012)	《广西壮族自治区用水定额》(DB45/T 678—2010)
1	直流冷却	<300MW	0.79	1.2
		300MW 级	0.54	0.72
		600MW 级及以上	0.46	0.72
2	循环冷却	<300MW	3.2	4.8
		300MW 级	2.75	3.84
		600MW 级及以上	2.4	3.84
3	空气冷却	<300MW	0.95	—
		300MW 级	0.63	
		600MW 级及以上	0.63	

表 8.1-2 广西壮族自治区与云南省、贵州省、广东省单位发电量用水定额对比表 单位：$m^3/(MW \cdot h)$

分类	贵州省	云南省			广东省			广西壮族自治区	
	循环冷却	循环冷却	直流冷却	空气冷却	循环冷却	直流冷却	空气冷却	循环冷却	直流冷却
单机容量<300MW	4.20	3.20	0.79	0.95	3.20	0.79	0.95	4.80	1.20
单机容量 300MW 级	2.90	2.75	0.54	0.63	2.75	0.54	0.63	3.84	0.72
单机容量 600MW 级及以上	2.80	2.40	0.46	0.53	2.40	0.46	0.53		

表 8.1-3 广西壮族自治区钢铁联合企业吨钢取水量定额与国家取水定额对比表 单位：m^3/t

序号	定额标准	普通钢厂（联合企业）		特殊钢厂（联合企业）	
		现有钢厂	新建钢厂	现有钢厂	新建钢厂
1	《国家取水定额标准》(GB/T 18916.2—2012)	4.9	4.5	7	4.5
2	《广西壮族自治区用水定额》(DB45/T 678—2010)	6		6	

与相邻的贵州省、云南省、广东省相比较，广西壮族自治区制定的吨钢取水定额标准严于贵州省，宽于云南、广东两省（表 8.1－4）。

表 8.1－4　广西壮族自治区与云南省、贵州省、广东省吨钢取水量用水定额对比表　单位：m^3/t

<table>
<tr><th rowspan="2">名　称</th><th rowspan="2">贵州省</th><th rowspan="2">云南省</th><th colspan="2">广东省</th><th rowspan="2">广西壮族自治区</th></tr>
<tr><th>现有钢厂</th><th>新建钢厂</th></tr>
<tr><td>普通钢厂</td><td>8</td><td>4.9</td><td rowspan="2">7</td><td rowspan="2">4.5</td><td rowspan="2">6</td></tr>
<tr><td>特殊钢厂</td><td>22</td><td>7</td></tr>
</table>

（三）石油

与国家已颁布的原油加工行业取水定额标准对比，广西壮族自治区石油炼制行业取水定额标准宽于国家取水定额标准限值（表 8.1－5）。

表 8.1－5　广西壮族自治区石油炼制企业加工吨原（料）油取水量定额与国家取水定额对比表　单位：m^3/t

序号	定　额　标　准	现有企业	新建企业
1	《国家取水定额标准》(GB/T 18916.3—2012)	≤0.75	≤0.60
2	《广西壮族自治区用水定额》(DB45/T 678—2010)	燃料型 1.2 燃料润滑油型 1.5	燃料型 1.2 燃料润滑油型 1.5

云南省、贵州省无相应定额，与相邻的广东省相比较，广西定额值宽于广东省（表 8.1－6）。

表 8.1－6　广西壮族自治区与云南省、贵州省、广东省石油炼制用水定额对比表　单位：m^3/t

<table>
<tr><th colspan="2">名　称</th><th>贵州省</th><th>云南省</th><th>广东省</th><th>广西壮族自治区</th></tr>
<tr><td rowspan="2">石油炼制</td><td>现有企业</td><td>—</td><td>—</td><td>0.75</td><td rowspan="2">燃料型 1.2
燃料润滑油型 1.5</td></tr>
<tr><td>新建企业</td><td>—</td><td>—</td><td>0.6</td></tr>
</table>

（四）合成氨

与国家已颁布的合成氨取水定额标准对比，广西壮族自治区定额标准分类更详细，按不同的规模分别制定合成氨的取水定额标准，但从定额值方面来讲，广西壮族自治区宽于国家取水定额标准（表 8.1－7）。

表 8.1－7　广西合成氨取水量定额与国家取水定额对比表　　单位：m^3/t

序号	定额标准	天然气	渣油	煤
1	《国家取水定额标准》 （GB/T 18916.13—2012）	≤15	≤14	≤27
2	《广西壮族自治区用水定额》 （DB45/T 678—2010）	合成氨（中型）27 合成氨（小型）45		

与相邻的贵州省、云南省、广东省相比较，广西壮族自治区制定的合成氨取水定额标准宽于广东省，与贵州省、云南省相当（表 8.1－8）。

表 8.1－8　广西壮族自治区与云南省、贵州省、广东省合成氨用水定额对比表　　单位：m^3/t

主要生产原料	贵州省	云南省	广东省	广西壮族自治区
天然气	28	13	13	合成氨（中型）27 合成氨（小型）45
渣油		—	—	
煤	30	27	27	
褐煤	—	45	—	

（五）纺织

对照国家颁布的纺织染整和毛纺织产品取水定额标准，广西壮族自治区有 3 种产品制定的了相应的取水定额标准，且均宽于国家取水定额标准（表 8.1－9）。

表 8.1－9　广西壮族自治区纺织企业单位产品取水量定额与国家取水定额对比表

产品名称（工艺路线）		定额单位	《国家取水定额标准》（GB/T 18916.4—2012/GB/T 18916.14—2014）			《广西壮族自治区用水定额》（DB45/T 678—2010）
			现有企业	新建企业	先进企业	
纺织染整产品	棉、麻、化纤及混纺机织物	$m^3/100m$	3.0	2.0	—	4（现有） 3（新建）
	棉、麻、化纤及混纺针织物及纱线	m^3/t	150.0	100.0	—	200（现有） 150（新建）

续表

<table>
<tr><td colspan="2" rowspan="2">产 品 名 称
（工艺路线）</td><td rowspan="2">定额单位</td><td colspan="3">《国家取水定额标准》
（GB/T 18916.4—2012/
GB/T 18916.14—2014）</td><td rowspan="2">《广西壮族自治区用水定额》
（DB45/T 678—2010）</td></tr>
<tr><td>现有企业</td><td>新建企业</td><td>先进企业</td></tr>
<tr><td rowspan="2">纺织染整产品</td><td>真丝绸机织物</td><td>m³/100m</td><td>4.5</td><td>3.0</td><td>—</td><td rowspan="2">—</td></tr>
<tr><td>精梳毛织物</td><td>m³/100m</td><td>22.0</td><td>18.0</td><td>—</td></tr>
<tr><td rowspan="10">毛纺织产品</td><td>洗净毛
（原毛→洗净毛）</td><td>m³/t</td><td>22</td><td>18</td><td>14</td><td>—</td></tr>
<tr><td>炭化毛
（洗净毛→炭化毛）</td><td>m³/t</td><td>25</td><td>22</td><td>18</td><td>—</td></tr>
<tr><td>色毛条
（白毛条→色毛条）</td><td>m³/t</td><td>140</td><td>120</td><td>75</td><td>—</td></tr>
<tr><td>色毛及其他纤维
（洗净毛→色化毛）</td><td>m³/t</td><td>120</td><td>100</td><td>60</td><td>—</td></tr>
<tr><td>色纱（白纱→色纱）</td><td>m³/t</td><td>150</td><td>130</td><td>80</td><td>—</td></tr>
<tr><td>毛针织品（整理）</td><td>m³/t</td><td>90</td><td>70</td><td>45</td><td>220</td></tr>
<tr><td>精梳毛织物
（白毛条→精梳毛织物）</td><td>m³/100m</td><td>22</td><td>18</td><td>12</td><td>—</td></tr>
<tr><td>粗梳毛织物
（洗净毛→粗梳毛织物）</td><td>m³/100m</td><td>24</td><td>22</td><td>14</td><td>—</td></tr>
<tr><td>羊绒制品
（原绒→羊绒制品）</td><td>m³/t</td><td>400</td><td>350</td><td>300</td><td>—</td></tr>
</table>

与相邻的贵州省、云南省、广东省相比较，广西壮族自治区纺织染整产品定额宽于云南省、贵州省、广东省。

贵州省没有相应毛纺织产品定额，与相邻的云南省、广东省相比较，广西壮族自治区取水定额标准宽于云南省，严于广东省（表 8.1-10）。

（六）造纸

与国家已颁布的造纸行业取水定额标准对比，广西壮族自治区造纸产品中漂白化学非木（麦草、芦苇、甘蔗渣）浆、新闻纸、印刷书写纸、包装用纸、箱纸板、瓦楞原纸取水定额也宽于国家取水定额标准，脱墨废纸浆、未脱墨废纸浆、化学机械浆取水定额严于国家取水定额标准（表 8.1－11）。

表 8.1－10　　广西壮族自治区与云南省、贵州省、广东省纺织业用水定额对比表

产品名称		单位	贵州省	云南省	广东省		广西壮族自治区	
					新建	现有	新建	现有
棉、化纤纺织及印染精加工	棉、麻、化纤及混纺机织物	m^3/100m	2.3	1.5	2	3	3	4
	棉、麻、化纤及混纺针织物及纱线	m^3/t	100.0	70.0	100	150	150	200
毛纺织产品	毛针织品（整理）	m^3/t	—	200	250		220	

表 8.1－11　　广西壮族自治区造纸企业单位产品取水量定额与国家取水定额对比表　　单位：m^3/t

类别名称	产品名称	《国家取水定额标准》(GB/T 18916.5)		《广西壮族自治区用水定额》(DB45/T 678—2010)	
		现有企业	新建企业	现有企业	新建企业
纸浆	漂白化学木（竹）浆	90	70	90	70
	本色化学木（竹）浆	60	50	60	50
	漂白化学非木（麦草、芦苇、甘蔗渣）浆	130	100	150	110
	脱墨废纸浆	30	25	30	24
	未脱墨废纸浆	20	20	20	16
	化学机械浆	35	30	40	25
纸	新闻纸	20	16	50	20
	印刷书写纸	35	30	60	35
	生活用纸	30	30	50	30
	包装用纸	25	20	50	25
纸板	白纸板	30	30	50	30
	箱纸板	25	22	40	25
	瓦楞原纸	25	20	40	25

与相邻的贵州省、云南省、广东省相比较，广西壮族自治区纸、纸板取水定额值与云南省一致，宽于广东省，其中新闻纸现有企业与

贵州省一致，新建企业高于贵州省定额值。纸浆制造中总体严于云南省、广东省，宽于贵州省（表 8.1－12）。

表 8.1－12　广西壮族自治区与云南省、贵州省、广东省造纸业用水定额对比表

单位：m³/t

<table>
<tr><th colspan="2" rowspan="2">产品名称</th><th rowspan="2">贵州省</th><th rowspan="2">云南省</th><th colspan="2">广东省</th><th colspan="2">广西壮族自治区</th></tr>
<tr><th>现有企业</th><th>新建企业</th><th>现有企业</th><th>新建企业</th></tr>
<tr><td rowspan="6">纸浆</td><td>漂白化学木（竹）浆</td><td rowspan="6">85</td><td>90</td><td>90</td><td>70</td><td>90</td><td>70</td></tr>
<tr><td>本色化学木（竹）浆</td><td>60</td><td>60</td><td>50</td><td>60</td><td>50</td></tr>
<tr><td>漂白化学非木（麦草、芦苇、甘蔗渣）浆</td><td>130</td><td>130</td><td>100</td><td>150</td><td>110</td></tr>
<tr><td>脱墨废纸浆</td><td>30</td><td>30</td><td>25</td><td>30</td><td>24</td></tr>
<tr><td>未脱墨废纸浆</td><td>20</td><td>20</td><td>20</td><td>20</td><td>16</td></tr>
<tr><td>化学机械木浆</td><td>35</td><td>35</td><td>30</td><td>40</td><td>25</td></tr>
<tr><td rowspan="4">纸</td><td>新闻纸</td><td>50</td><td>20</td><td>20</td><td>16</td><td>50</td><td>20</td></tr>
<tr><td>印刷书写纸</td><td>35</td><td>35</td><td>35</td><td>30</td><td>60</td><td>35</td></tr>
<tr><td>生活用纸</td><td>—</td><td>30</td><td>30</td><td>30</td><td>50</td><td>30</td></tr>
<tr><td>包装用纸</td><td>35</td><td>25</td><td>25</td><td>20</td><td>50</td><td>25</td></tr>
<tr><td rowspan="3">纸板</td><td>白纸板</td><td rowspan="3">25</td><td>30</td><td>30</td><td>30</td><td>50</td><td>30</td></tr>
<tr><td>箱纸板</td><td>25</td><td>25</td><td>22</td><td>40</td><td>25</td></tr>
<tr><td>瓦楞原纸</td><td>25</td><td>25</td><td>20</td><td>40</td><td>25</td></tr>
</table>

（七）啤酒

与国家已颁布的啤酒制造行业取水定额标准对比，广西壮族自治区啤酒行业取水定额值宽于国家取水定额标准（表 8.1－13）。

表 8.1－13　广西壮族自治区啤酒制造厂千升啤酒取水量定额与国家取水定额对比表

单位：m³/kL

<table>
<tr><th>序号</th><th>定额标准</th><th>现有企业</th><th>新建企业</th></tr>
<tr><td>1</td><td>《国家取水定额标准》（GB/T 18916.13—2012）</td><td>≤6.0</td><td>≤5.5</td></tr>
<tr><td>2</td><td>《广西壮族自治区用水定额》（DB45/T 678—2010）</td><td colspan="2">8</td></tr>
</table>

与相邻的云南省、贵州省、广东省相比较，广西壮族自治区啤酒制造取水定额值宽于云南省和广东省，严于贵州省（表 8.1－14）。

表 8.1－14 广西壮族自治区与云南省、贵州省、广东省啤酒制造厂用水定额对比表

单位：m^3/kL

名称	贵州省	云南省	广东省		广西壮族自治区
			现有	新建	
啤酒制造厂	10	6	6.0	5.5	8

（八）酒精

与国家已颁布的酒精行业取水定额标准对比，广西壮族自治区未按照现有、新建、先进企业制定定额标准，且定额值宽于国家取水定额标准（表 8.1－15）。

表 8.1－15 广西壮族自治区酒精制造企业千升酒精取水量定额与国家取水定额对比表

单位：m^3/kL

序号	定 额 标 准	现有企业（原料类型）		新建企业（原料类型）	先进企业（原料类型）
1	《国家取水定额标准》（GB/T 18916.7—2014）	25（谷类、薯类）	30（糖蜜）	15（谷类、薯类、糖蜜）	10（谷类、薯类、糖蜜）
2	《广西壮族自治区用水定额》（DB45/T 678—2010）	75			

与相邻的云南省、贵州省、广东省相比较，广西壮族自治区酒精取水定额值宽于云南省、贵州省、广东省（表 8.1－16）。

表 8.1－16 广西壮族自治区与云南省、贵州省、广东省酒精用水定额对比表

单位：m^3/kL

产品名称	贵州省	云南省	广东省	广西壮族自治区
酒精	50	40	30	75

（九）味精

与国家已颁布的味精行业取水定额标准对比，广西壮族自治区未按照现有、新建、先进企业制定取水定额标准，制定的取水定额标准值也宽于国家取水定额标准（表 8.1－17）。

表 8.1－17　广西壮族自治区味精制造企业吨味精取水量定额与国家取水定额对比表　　单位：m^3/t

序号	定　额　标　准	现有企业	新建企业	先进企业
1	《国家取水定额标准》(GB/T 18916.7—2014)	≤50	≤30	≤25
2	《广西壮族自治区用水定额》(DB45/T 678—2010)	60		

与相邻的云南省、贵州省、广东省相比较，广西壮族自治区味精取水定额值严于云南省，贵州省、广东省未制定相应标准，广西壮族自治区味精取水定额标准先进性较好（表 8.1－18）。

表 8.1－18　广西壮族自治区与云南省、贵州省、广东省味精用水定额对比表　　单位：m^3/t

名　称	云南省	贵州省	广东省	广西壮族自治区
味精制造企业	80	—	—	60

（十）白酒

与国家已颁布的白酒行业取水定额标准对比，广西壮族自治区未按照现有、新建、先进企业制定取水定额标准，制定的取水定额标准值严于国家取水定额标准（表 8.1－19）。

表 8.1－19　广西壮族自治区白酒制造企业单位产品取水量定额与国家取水定额对比表　　单位：m^3/kL

序号	定 额 标 准	现有企业		新建企业		先进企业	
1	《国家取水定额标准》(GB/T 18916.7—2014)	≤51（原酒取水量）	≤7（成品酒取水量）	≤43（原酒取水量）	≤6（成品酒取水量）	≤43（原酒取水量）	≤6（成品酒取水量）
2	《广西壮族自治区用水定额》(DB45/T 678—2010)	35（浓香型）25（清香型）	—	35（浓香型）25（清香型）	—	35（浓香型）25（清香型）	—

与相邻的云南省、贵州省、广东省相比较，广西壮族自治区白酒取水定额值与云南省、广东省相当，严于贵州省（表 8.1－20）。

表 8.1-20　广西壮族自治区与云南省、贵州省、广东省白酒用水定额对比表　单位：m^3/kL

产品名称	贵州省		云南省	广东省	广西壮族自治区	
	千升白酒（液态法）用水量	千升白酒（固态法）用水量			浓香型	清香型
白酒	40	150	30	25	35	25

（十一）氧化铝

与国家已颁布的氧化铝取水定额标准对比，广西壮族自治区氧化铝行业取水定额值与国家取水定额标准相当（表 8.1-21）。

表 8.1-21　广西壮族自治区氧化铝生产企业单位产品取水量定额与国家取水定额对比表　单位：m^3/t

企业类型	工艺分类	《国家取水定额标准》（GB/T 18916.12—2012）	《广西壮族自治区用水定额》（DB45/T 678—2010）
现有企业	拜耳法	3.5	5
	烧结法	5.0	
	联合法	4.0	
新建企业	拜耳法	2.5	
	烧结法	4.0	
	联合法	3.0	
先进企业	拜耳法	1.5[a]	
	烧结法	3.0[a]	
	联合法	2.0[a]	

注　a 表示国际领先水平的先进数值，不作为考核指标。

广东省没有制定氧化铝取水定额标准，与相邻的云南省、贵州省比较，广西壮族自治区氧化铝取水定额严于贵州省，与云南省烧结法用水定额相当（表 8.1-22）。

（十二）电解铝

与国家已颁布的氧化铝取水定额标准对比，广西壮族自治区电解铝行业取水定额值宽于国家取水定额标准（表 8.1-23）。

表 8.1-22 广西壮族自治区与云南省、贵州省、广东省氧化铝用水定额对比表

单位：m^3/t

工艺分类	贵州省	云南省	广东省	广西壮族自治区
拜耳法	18	3.5	—	5
烧结法		5		
联合法		4		

表 8.1-23 广西壮族自治区电解铝生产企业单位产品取水量定额与国家取水定额对比表

单位：m^3/t

企业类型	分类	《国家取水定额标准》(GB/T 18916.16—2014)	《广西壮族自治区用水定额》(DB45/T 678—2010)
现有企业	单位电解原铝液取水量	3.5	4.5
	单位重熔用铝锭取水量	4.0	
新建企业	单位电解原铝液取水量	2.5	
	单位重熔用铝锭取水量	3.0	
先进企业	单位电解原铝液取水量	1.3	
	单位重熔用铝锭取水量	1.7	

云南省、广东省没有制定电解铝取水定额标准，与相邻的贵州省比较，广西壮族自治区电解铝取水定额严于贵州省（表 8.1-24）。

表 8.1-24 广西壮族自治区与云南省、贵州省、广东省电解铝用水定额对比表

单位：m^3/t

产品名称	贵州省	云南省	广东省	广西壮族自治区
电解铝	20	—	—	4.5

（十三）医药产品

与国家已颁布的维生素 C 和青霉素工业盐取水定额标准对比，广西壮族自治区制定的取水定额值与国家取水定额标准一致（表 8.1-25）。

相邻省份云南省、贵州省、广东省没有制定维生素 C 和青霉素工业盐取水定额标准，故不做相邻省份比较。

表 8.1-25　广西壮族自治区医药产品单位产品取水量定额与国家取水定额对比表　单位：m^3/t

序号	定额标准	维生素C（化学原料药）	青霉素工业盐（化学制药中间体）
1	《国家取水定额标准》（GB/T 18916.10—2006）	≤235	≤480
2	《广西壮族自治区用水定额》（DB45/T 678—2010）	≤235	≤480

（十四）选煤

国家已颁布的选煤取水定额标准根据用途分为非炼焦煤选煤厂和炼焦煤选煤厂，根据工艺分为选煤厂、主要和辅助生产单位、附属生产的单位入洗原煤取水量定额指标，根据年入洗原煤规模分为>10.00Mt/a、10.00～5.00Mt/a、5.00～1.20Mt/a、<1.20Mt/a 4个等级。而广西壮族自治区制定的取水定额值仅根据开采方式制定了矿井开采和露天开采选煤取水定额指标，且均宽于国家颁布标准（表8.1-26）。

表 8.1-26　广西壮族自治区选煤行业用水定额表　单位：m^3/t

非炼焦煤选煤厂的单位入洗原煤取水量定额指标				
年入洗原煤量/(Mt/a)	入洗下限 50mm	入洗下限 25mm	入洗下限 13mm	入洗下限 0mm
>10.00	≤0.2（井工煤矿） ≤0.3（露天煤矿）			
5.00～10.00				
1.20～5.00				
<1.20				
炼焦煤选煤厂的单位入洗原煤取水量定额指标				
年入洗原煤量/(Mt/a)	入洗下限 0mm			
>10.00	≤0.2（井工煤矿） ≤0.3（露天煤矿）			
5.00～10.00				
1.20～5.00				
<1.20				

注　选煤生产取水量供给范围，包括主要生产（指跳汰、重介、浮选等湿法选煤工艺，不包括风选等干法选煤工艺）、辅助生产（指真空泵、空气压缩机等设备的冷却循环水的补充水，锅炉的补充水，水泵轴封水、除尘用水、地面冲洗水和室外储煤场洒水抑尘喷枪的用水等）、附属生产（含厂区办公化验楼、浴室、食堂、公共卫生间、绿化、浇洒道路等）。

与相邻的云南省、贵州省、广东省相比较，广西壮族自治区选煤取水定额值严于云南省、贵州省、广东省，广西壮族自治区选煤取水定额标准先进性较好（表 8.1－27）。

表 8.1－27　广西壮族自治区与云南省、贵州省、广东省选煤用水定额对比表

单位：m^3/t

产品		云南省	贵州省	广东省	广西壮族自治区
原煤	矿井开采	0.7	0.8	2.8	≤0.2
	露天开采			0.8	≤0.3

综上，广西壮族自治区已颁布的工业行业用水定额标准中火电、石油炼制、合成氨、纺织、部分纸品、酒精、味精、啤酒、电解铝和选煤的用水定额较国标偏大，其余工业用水定额如钢铁、白酒、氧化铝、医药产品基本符合国家现有企业标准。与邻近省份云南省、贵州省、广东省相比，广西壮族自治区白酒、味精、氧化铝、电解铝、选煤用水定额严于其他省份，钢铁、合成氨、造纸、啤酒、酒精、纺织（毛纺织产品）用水定额处于中间水平，火电、石油、纺织（纺织染整）用水定额宽于其他省份。总体而言，广西壮族自治区制定的工业用水定额较宽松。

二、广东省

19 项国家取水定额标准中，广东省制定了 15 项，因此本次将广东省这 15 个行业的用水定额与国家标准相比较，分析广东省用水定额标准的先进性。

这 15 个行业包括火电、钢铁、石油炼制、乙烯生产、合成氨、纺织染整产品、毛纺织产品、造纸、啤酒、酒精、白酒、铜冶炼、铅冶炼、选煤、味精。

在与国家已颁布的定额标准对比分析的基础上，选择相邻的福建省、海南省与之进行横向对比分析，进一步分析广东省定额标准值的先进性。

（一）火电

与国家已颁布的火力发电单位发电量取水定额标准对比，广东省火电行业取水定额值与国家取水定额标准一致（表 8.1－28)。

表 8.1－28　广东省火力发电企业单位发电量取水量定额与国家取水定额对比表

单位：m^3/(MW・h)

机组冷却形式	单机容量	《国家取水定额标准》(GB/T 18916.1—2012)	《广东省用水定额》(DB44/T 1461—2014)
直流冷却	<300MW	0.79	0.79
	300MW 级	0.54	0.54
	600MW 级及以上	0.46	0.46
循环冷却	<300MW	3.2	3.2
	300MW 级	2.75	2.75
	600MW 级及以上	2.4	2.4
空气冷却	<300MW	0.95	0.95
	300MW 级	0.63	0.63
	600MW 级及以上	0.63	0.53

与相邻的福建省、海南省比较，广东省火电行业取水定额无论是在装机规模划分还是在生产工艺用水等方面，都较福建、海南两省全面，广东省制定的火电用水定额标准先进（表 8.1－29)。

表 8.1－29　广东省与福建省、海南省单位发电量用水定额对比表

单位：m^3/(MW・h)

分　类	广东省				福建省	海南省	
	循环冷却	直流冷却		空气冷却	循环冷却	循环冷却	直流冷却
		不含凝汽器冷却水	包含凝汽器冷却水				
单机容量<300MW	3.20	0.79	150	0.95	66～110	6.6	126
单机容量 300MW 级	2.75	0.54	140	0.63			
单机容量 600MW 级及以上	2.40	0.46	130	0.53			

（二）钢铁

与国家已颁布的钢铁联合企业取水定额标准对比，广东省只制定了普通钢厂取水定额标准，其中，现有普通钢厂的定额标准宽于国家标准，新建普通钢厂定额标准与国家标准保持一致（表 8.1-30）。

表 8.1-30　广东省钢铁联合企业吨钢取水量定额与国家取水定额对比表

单位：m^3/t

定额标准	普通钢厂（联合企业）		特殊钢厂（联合企业）	
	现有钢厂	新建钢厂	现有钢厂	新建钢厂
《国家取水定额标准》（GB/T 18916.2—2012）	4.9	4.5	7	4.5
《广东省用水定额》（DB44/T 1461—2014）	7.0	4.5	—	

与相邻的福建省、海南省相比较，广东省制定的吨钢取水定额标准严于福建、海南两省（表 8.1-31）。

表 8.1-31　广东省与福建省、海南省吨钢取水量用水定额对比表

单位：m^3/t

名　称	广东省	福建省	海南省
普通钢厂	7	15～25	26
特殊钢厂			

（三）石油

与国家已颁布的火电行业取水定额标准对比，广东省石油炼制行业取水定额标准未超出国家取水定额标准限值（表 8.1-32）。

表 8.1-32　广东省石油炼制企业加工吨原（料）油取水量定额与国家取水定额对比表

单位：m^3/t

定　额　标　准	现有企业	新建企业
国家取水定额标准（GB/T 18916.3—2012）	≤0.75	≤0.60
广东省用水定额（DB44/T 1461—2014）	0.75	0.60

与相邻的福建省、海南省相比较，广东省不仅按现有企业和新建企业分别制定定额标准，且其定额值也严于福建省、海南两省（表 8.1-33）。

表 8.1－33　　广东省与福建省、海南省石油炼制用水定额对比表

单位：m^3/t

名　称		广东省	福建省	海南省
石油炼制	现有企业	0.75	1.7～2.5	0.95
	新建企业	0.6		0.9

（四）乙烯

与国家已颁布的火电行业取水定额标准对比，广东省制定的原料为天然气的乙烯取水定额标准宽于国家定额标准值（表 8.1－34）。

表 8.1－34　　广东省乙烯生产企业单位乙烯生产取水量定额与国家取水定额对比表

单位：m^3/t

定　额　标　准	天然气	渣油	煤
《国家取水定额标准》(GB/T 18916.8—2009)	≤13	≤14	≤27
《广东省用水定额》(DB44/T 1461—2014)	15	—	—

福建省未制定乙烯生产取水定额标准，与相邻的海南省比较，广东省不仅分现有企业和新建企业分别制定定额标准，且其定额值也严于海南省（表 8.1－35）。

表 8.1－35　　广东省与福建省、海南省乙烯生产取水量定额对比表

单位：m^3/t

名　称	广东省	福建省	海南省
现有企业	15	—	29.1～38.2
新建企业	12		

（五）合成氨

与国家已颁布的火电行业取水定额标准对比，广东省制定的现有企业取水定额标准严于国家定额标准值，新建企业宽于国家定额标准值（表 8.1－36）。

与相邻的福建省、海南省相比较，广东省不仅按不同的生产原料分别制定合成氨取水定额标准，其定额值也严于福建省、海南两省（表 8.1－37）。

表 8.1-36　广东省合成氨取水量定额与国家取水定额对比表　单位：m^3/t

定　额　标　准	现有企业	新建企业
《国家取水定额标准》(GB/T 18916.13—2012)	≤15	≤12
《广东省用水定额》(DB44/T 1461—2014)	13	27

表 8.1-37　广东省与福建省、海南省合成氨用水定额对比表　单位：m^3/t

主要生产原料	广东省	福建省	海南省
天然气	13	40～70	28
渣油	—		
煤	27		

(六) 纺织

广东省纺织染整制定了 2 种产品定额，分别为棉、麻、化纤及混纺机织物和棉、麻、化纤及混纺机织物及纱线，现有的和新建的定额与国家标准一致；毛纺织及染整精加工制定了 4 个产品定额，分别为色纱、精梳毛织物、粗疏毛织物和羊绒制品，定额值严于国家标准定额（表 8.1-38）。

表 8.1-38　广东省纺织企业单位产品取水量定额与国家取水定额对比表

	产品名称（工艺路线）	定额单位	《国家取水定额标准》(GB/T 18916.4—2012/GB/T 18916.14—2014)			《广东省用水定额》(DB44/T 1461—2014)
			现有企业	新建企业	先进企业	
纺织染整产品	棉、麻、化纤及混纺机织物	$m^3/100m$	3.0	2.0	—	现有企业 3.0 新建企业 2.0
	棉、麻、化纤及混纺针织物及纱线	m^3/t	150.0	100.0	—	现有企业 150 新建企业 100
	真丝绸机织物	$m^3/100m$	4.5	3.0	—	—
	精梳毛织物	$m^3/100m$	22.0	18.0	—	
毛纺织产品	洗净毛（原毛→洗净毛）	m^3/t	22	18	14	—
	炭化毛（洗净毛→炭化毛）	m^3/t	25	22	18	

续表

<table>
<tr><th rowspan="2"></th><th rowspan="2">产品名称
（工艺路线）</th><th rowspan="2">定额单位</th><th colspan="3">《国家取水定额标准》
（GB/T 18916.4—2012/
GB/T 18916.14—2014）</th><th rowspan="2">《广东省用水定额》
（DB44/T
1461—2014）</th></tr>
<tr><th>现有企业</th><th>新建企业</th><th>先进企业</th></tr>
<tr><td rowspan="7">毛纺织产品</td><td>色毛条
（白毛条→色毛条）</td><td>m^3/t</td><td>140</td><td>120</td><td>75</td><td rowspan="2">—</td></tr>
<tr><td>色毛及其他纤维
（洗净毛→色化毛）</td><td>m^3/t</td><td>120</td><td>100</td><td>60</td></tr>
<tr><td>色纱
（白纱→色纱）</td><td>m^3/t</td><td>150</td><td>130</td><td>80</td><td>33</td></tr>
<tr><td>毛针织品（整理）</td><td>m^3/t</td><td>90</td><td>70</td><td>45</td><td>—</td></tr>
<tr><td>精梳毛织物
（白毛条→精梳毛织物）</td><td>$m^3/100m$</td><td>22</td><td>18</td><td>12</td><td>7.0</td></tr>
<tr><td>粗梳毛织物
（洗净毛→粗梳毛织物）</td><td>$m^3/100m$</td><td>24</td><td>22</td><td>14</td><td>20</td></tr>
<tr><td>羊绒制品
（原绒→羊绒制品）</td><td>m^3/t</td><td>400</td><td>350</td><td>300</td><td>60</td></tr>
</table>

与相邻的福建省、海南省相比较，广东省纺织行业除棉纱取水定额值宽于福建省、海南两省以外，其余产品用水定额严于福建省、海南两省（表 8.1-39）。

表 8.1-39　广东省与福建省、海南省纺织用水定额对比表　单位：m^3/t

<table>
<tr><th colspan="2">产　品　名　称</th><th>单位</th><th>广东省</th><th>福建省</th><th>海南省</th></tr>
<tr><td rowspan="5">棉、化纤纺织及印染精加工</td><td rowspan="2">棉布</td><td rowspan="2">$m^3/100m$</td><td rowspan="2">3.0</td><td rowspan="2">2～4.4</td><td>0.75（由棉纱纺成）</td></tr>
<tr><td>2（由棉花纺成）</td></tr>
<tr><td>棉纱</td><td>m^3/t</td><td>150.0</td><td>50～120</td><td>40.0</td></tr>
<tr><td>印染布</td><td>m^3/万 m</td><td>170.0</td><td>290～450</td><td>250.0</td></tr>
<tr><td>牛仔布</td><td>m^3/万 m</td><td>35.0</td><td>—</td><td>250.0</td></tr>
</table>

（七）造纸

与国家已颁布的造纸行业取水定额标准对比，云南省造纸行业取水定额值与国家取水定额标准一致（表 8.1-40）。

表 8.1-40　广东省造纸企业单位产品取水量定额与国家取水定额对比表　单位：m^3/t

类别名称	产品名称	《国家取水定额标准》(GB/T 18916.5)		《广东省用水定额》(DB44/T 1461—2014)
		现有企业	新建企业	
纸浆	漂白化学木（竹）浆	90	70	90（现有）、70（新建）
	本色化学木（竹）浆	60	50	60（现有）、50（新建）
	漂白化学非木（麦草、芦苇、甘蔗渣）浆	130	100	130（现有）、100（新建）
	脱墨废纸浆	30	25	30（现有）、25（新建）
	未脱墨废纸浆	20	20	20（现有）、20（新建）
	化学机械浆	35	30	35（现有）、30（新建）
纸	新闻纸	20	16	20（现有）、16（新建）
	印刷书写纸	35	30	35（现有）、30（新建）
	生活用纸	30	30	30（现有）、30（新建）
	包装用纸	25	20	无
纸板	白纸板	30	30	30（现有）、30（新建）
	箱纸板	25	22	25（现有）、22（新建）
	瓦楞原纸	25	20	25（现有）、20（新建）

与相邻的福建省、海南省相比较，广东省造纸业取水定额值严于福建、海南两省（表 8.1-41）。

表 8.1-41　广东省与福建省、海南省造纸用水定额对比表　单位：m^3/t

产　品　名　称		广东省	福建省	海南省
纸浆	漂白化学木（竹）浆	90	60～110	—
	本色化学木（竹）浆	60	40～70	
	漂白化学非木（麦草、芦苇、甘蔗渣）浆	130	150～250	
	脱墨废纸浆	30	30～40	
	未脱墨废纸浆	20	—	
	化学机械木浆	35	30～50	160

续表

产品名称		广东省	福建省	海南省
纸	新闻纸	20	20～40	120～200
	印刷书写纸	35	—	—
	生活用纸	30	—	—
	包装用纸	—	60～100	—
纸板	白纸板	—	—	—
	箱纸板	25	50～90	60
	瓦楞原纸	25	60～90	55

（八）啤酒

与国家已颁布的造纸行业取水定额标准对比，广东省啤酒行业取水定额值未超出国家取水定额标准限值（表 8.1-42）。

表 8.1-42　广东省啤酒制造厂千升啤酒取水量定额与国家取水定额对比表　单位：m^3/kL

序号	定额标准	现有企业	新建企业
1	《国家取水定额标准》(GB/T 18916.6—2012)	≤6.0	≤5.5
2	《广东省用水定额》(DB44/T 1461—2014)	6.0	5.5

与相邻的福建省、海南省相比较，广东省不仅分现有企业和新建企业分别制定定额标准，且其定额值也严于福建、海南两省（表 8.1-43）。

表 8.1-43　广东省与福建省、海南省啤酒用水定额对比表　单位：m^3/kL

名称	广东省	福建省	海南省
现有企业	6	9～16	15
新建企业	5.5		

（九）酒精

与国家已颁布的酒精行业取水定额标准对比，广东省未按照现有、新建、先进企业制定取水定额标准，制定的取水定额标准值与原材料为糖蜜的酒精取水定额一致（表 8.1-44）。

表 8.1-44　广东省酒精制造企业千升酒精取水量定额与国家取水定额对比表　单位：m^3/kL

序号	定额标准	现有企业（原料类型）		新建企业（原料类型）	先进企业（原料类型）
1	《国家取水定额标准》（GB/T 18916.7—2014）	25（谷类、薯类）	30（糖蜜）	15	10
2	《广东省用水定额》（DB44/T 1461—2014）	30		—	

福建省未制定乙烯生产取水定额标准，与相邻的海南省比较，广东省酒精取水定额标准严于海南省（表 8.1-45）。

表 8.1-45　广东省与福建省、海南省酒精用水定额对比表　单位：m^3/kL

原料类型	广东省	福建省	海南省
谷类、薯类	30	—	100
糖蜜			

（十）味精

与国家已颁布的味精行业取水定额标准对比，广东省未按照现有、新建、先进企业制定取水定额标准，制定的取水定额值宽于国家标准（表 8.1-46）。

表 8.1-46　广东省味精制造企业吨味精取水量定额与国家取水定额对比表　单位：m^3/t

序号	定额标准	现有企业	新建企业	先进企业
1	《国家取水定额标准》（GB/T 18916.7—2014）	≤50	≤30	≤25
2	《广东省用水定额》（DB44/T 1461—2014）	60		

与相邻省份福建省、海南省相比，广东省味精取水定额标准严于这两省（表 8.1-47）。

表 8.1-47　广东省与福建省、海南省酒精用水定额对比表　单位：m^3/t

原料类型	广东省	福建省	海南省
谷类、薯类	60	120～180	261
糖蜜			

（十一）白酒

与国家已颁布的白酒行业取水定额标准对比，广东省未按照现有、新建、先进企业制定取水定额标准，制定的白酒取水定额标准值严于原材料为原酒的白酒取水定额，宽于原材料为成品酒的白酒取水定额（表 8.1-48）。

表 8.1-48　广东省白酒制造企业单位产品取水量定额与国家取水定额对比表　单位：m^3/kL

序号	定额标准	现有企业		新建企业		先进企业	
1	《国家取水定额标准》（GB/T 18916.7—2014）	≤51（原酒取水量）	≤7（成品酒取水量）	≤43（原酒取水量）	≤6（成品酒取水量）	≤43（原酒取水量）	≤6（成品酒取水量）
2	《广东省用水定额》（DB44/T 1461—2014）	25		—			

与相邻的福建省、海南省相比较，广东省白酒取水定额值严于福建省、海南两省（表 8.1-49）。

表 8.1-49　广东省与福建省、海南省白酒用水定额对比表　单位：m^3/kL

产品名称	广东省	福建省	海南省
白酒	25	30～50	40

（十二）铜冶炼

与国家颁布的取水定额标准相比，广东省铜冶炼取水定额标准严于铜精矿→阴极铜的用水定额标准，宽于含铜二次资源→阴极铜的取水定额标准值（表 8.1-50）。

福建省未制定阴极铜取水定额，与相邻的海南省比较，广东省阴极铜取水定额标准与海南省基本保持一致（表 8.1-51）。

表 8.1-50　广东省铜冶炼企业单位阴极铜产品取水量定额与国家取水定额对比表　单位：m^3/t

企业类型	工艺分类	《国家取水定额标准》(GB/T 18916.18—2015)	《广东省用水定额》(DB44/T 1461—2014)
现有企业	铜精矿→阴极铜	≤20	10
	含铜二次资源→阴极铜	≤1.2	
新建企业	铜精矿→阴极铜	≤18	
	含铜二次资源→阴极铜	≤1	
先进企业	铜精矿→阴极铜	≤16	
	含铜二次资源→阴极铜	≤0.8	

表 8.1-51　广东省与海南省、福建省阴极铜用水定额对比表　单位：m^3/t

产品名称	广东省	海南省	福建省
铜	10	9.70～11.0	—

（十三）铅冶炼

与国家已颁布的铅冶炼取水定额标准对比，广东省铅冶炼未按照工艺划分制定取水定额标准，其值也宽于国家取水定额标准（表 8.1-52）。

表 8.1-52　广东省铅冶炼企业单位产品取水量定额与国家取水定额对比表　单位：m^3/t

企业类型	工艺分类	《国家取水定额标准》(GB/T 18916.18—2015)	《广东省用水定额》(DB44/T 1461—2014)
现有企业	铅精矿→粗铅	≤4.5	8.0
	铅精矿→电解铅	≤6.0	
新建和改扩建企业	铅精矿→粗铅	≤4.0	
	铅精矿→电解铅	≤5.0	
先进企业	铅精矿→粗铅	≤3.0	
	铅精矿→电解铅	≤3.6	

与相邻的福建省、海南省相比较，广东省铅冶炼取水定额值严于海南省（表 8.1-53）。

表 8.1-53　广东省与福建省、海南省铅冶炼用水定额对比表 单位：m^3/t

产品名称	广东省	福建省	海南省
铅冶炼	8.0	无	59.0～80.0

（十四）选煤

与国家已颁布的选煤取水定额标准对比，广东省选煤行业取水定额标准严于国家取水定额标准（表 8.1-54）。

表 8.1-54　广东省选煤行业用水定额表 单位：m^3/t

非炼焦煤选煤厂的单位入洗原煤取水量定额指标				
年入洗原煤量（Mt/a）	入洗下限 50mm	入洗下限 25mm	入洗下限 13mm	入洗下限 0mm
＞10.00	2.8（矿井）、0.8（露天）			
10.00～5.00				
500～1.20				
＜1.20				

与相邻的福建省、海南省比较，广东省选煤行业取水定额划分更详细，用水定额标准也严于福建、海南两省（表 8.1-55）。

表 8.1-55　广东省与福建、海南省选煤行业用水定额对比表 单位：m^3/t

产品名称	广东省	福建省	海南省
非炼焦煤	2.8（矿井）、0.8（露天）	2～3	2

综上，广东省制定的工业取水定额基本符合国家取水定额标准，其次，与相邻省份福建省、海南省相比，广东省制定的取水定额标准大部分严于这两省取水定额值。总体而言，广东省制定的工业用水定额较合理。

第二节　生活和服务业先进性评估

一、广西壮族自治区

本次选择与广西壮族自治区地理位置相邻经济水平差距较小的贵

州省、云南省作为类似区，同时选择地理位置相邻气候类似的广东省作为类似区，因广西壮族自治区未制定洗浴业用水定额，因此本次重点评估学校、医疗机构和洗车业用水定额的先进性。

(一) 学校

经比较可知广西壮族自治区学校教育用水定额介于贵州省与云南省之间，严于广东省，因此其先进性较好（表 8.2－1）。

表 8.2－1　广西壮族自治区与云南省、贵州省、广东省教育用水定额统计表

类别名称	产品名称	单位	贵州省	云南省	广东省	广西壮族自治区	备注
学前教育	幼儿园、托儿所	L/(人·d)	30	30	85	30	无住宿
初等教育	小学		30	35	50	50	无住宿
			100	120	—	100	住宿
中等教育	中学、中等专业学校、技工学校		30	50	100	50	无住宿
			100	120	180	110	住宿
高等教育	普通高等院校、其他高等院校		30	50	—	—	无住宿
			100	120	250	133	住宿

(二) 医院

经比较（表 8.2－2），广西壮族自治区医院用水定额单位与其他省份不一致，如全院综合用水定额值为 $3m^3/(m^2 \cdot a)$，与其他省份无可比性，建议修订时统一成 L/(床·d) 为单位。从门诊部用水定额来说，广西壮族自治区定额略宽于贵州省、云南省，与广东省单位不一致，无法比较；从住院部用水定额来说，严于贵州省、与云南省一致，与广东省无法比较。总体而言广西壮族自治区医院用水定额先进性较好。

(三) 洗车

与国家标准相比，广西壮族自治区洗车业定额划分详细，分别按照大型汽车（货车、客车）、中型汽车、小型汽车制定了 3 种用水定额，最高值 500L/(辆·次)，国家取水定额标准只制定了一个上限值 40L/(辆·次)，严于广西壮族自治区取水定额标准（表 8.2－3）。

表 8.2-2　广西壮族自治区与云南省、贵州省、广东省医院用水定额统计表

<table>
<tr><th>省（区）</th><th>类别名称</th><th>产品名称</th><th>单　位</th><th>定额值</th><th>备　　注</th></tr>
<tr><td rowspan="6">贵州省</td><td rowspan="6">医院</td><td>综合医院
（三等医院）</td><td>L/(床·d)</td><td>600</td><td></td></tr>
<tr><td>综合医院
（二等甲级医院）</td><td>L/(床·d)</td><td>400</td><td></td></tr>
<tr><td>专科医院
（二等乙级医院）</td><td>L/(床·d)</td><td>300</td><td></td></tr>
<tr><td>疗养院</td><td>L/(床·d)</td><td>240</td><td></td></tr>
<tr><td>卫生院（所）</td><td>L/(床·d)</td><td>240</td><td></td></tr>
<tr><td>门诊</td><td>L/(人·d)</td><td>15</td><td></td></tr>
<tr><td rowspan="3">广西壮族自治区</td><td rowspan="3">医院</td><td>门诊部</td><td>L/(人·d)</td><td>≤25</td><td rowspan="3"></td></tr>
<tr><td>住院部</td><td>L/(床·d)</td><td>≤150</td></tr>
<tr><td>全院综合</td><td>$m^3/(m^2 \cdot a)$</td><td>≤3</td></tr>
<tr><td rowspan="4">云南省</td><td rowspan="4">医院</td><td>卫生所</td><td>L/(人·d)</td><td>15</td><td></td></tr>
<tr><td>医院门诊</td><td>L/(人·d)</td><td>20</td><td></td></tr>
<tr><td rowspan="2">住院部</td><td>L/(床·d)</td><td>150</td><td>病房不带洗浴</td></tr>
<tr><td>L/(床·d)</td><td>300</td><td>病房带洗浴</td></tr>
<tr><td rowspan="4">广东省</td><td rowspan="4">医院</td><td rowspan="3">综合医院</td><td>L/(床·d)</td><td>820</td><td>床位数 0～150 个</td></tr>
<tr><td>L/(床·d)</td><td>1150</td><td>床位数 151～500 个</td></tr>
<tr><td>L/(床·d)</td><td>1450</td><td>床位数>500 个</td></tr>
<tr><td>门诊部</td><td>L/(床·d)</td><td>180</td><td></td></tr>
</table>

表 8.2-3　广西壮族自治区与云南省、贵州省、广东省洗车业用水定额统计表

<table>
<tr><th>省（区）</th><th>类别名称</th><th>产品名称</th><th>定额单位</th><th>定额</th><th>备　　注</th></tr>
<tr><td rowspan="4">贵州省</td><td rowspan="4">修理与维护</td><td rowspan="4">洗车</td><td>L/车次</td><td>50</td><td>大型汽车（货车、客车）</td></tr>
<tr><td>L/车次</td><td>40</td><td>中型汽车</td></tr>
<tr><td>L/车次</td><td>30</td><td>小型汽车</td></tr>
<tr><td>L/车次</td><td>10</td><td>摩托车</td></tr>
</table>

续表

省（区）	类别名称	产品名称	定额单位	定额	备　注
广西壮族自治区	汽车、摩托车维护与保养	洗车	L/车次	500	大型汽车（货车、客车）
			L/车次	400	中型汽车
			L/车次	300	小型汽车
云南省	其他服务业（洗车）	高压水枪冲洗	L/车次	60	轿车、微型客车、货车
			L/车次	100	轻型客车、货车
		循环用水	L/车次	30	轿车、微型客车、货车
			L/车次	35	轻型客车、货车
			L/车次	40	中型以上货车、客车
		洗车补水	L/车次	60	中型以上货车、客车
广东省	修理与维护	洗车	L/车次	200	轿车、微型客车、微型货车
			L/车次	250	轻型客车、轻型货车
			L/车次	400	中型以上客车、中型以上货车

与相邻省份比较，广西壮族自治区洗车用水定额宽于贵州省、云南省、广东省，先进性较差。

综合广西壮族自治区学校、医院、洗车业与云南省、贵州省、广东省用水定额对比分析成果，广西壮族自治区服务业用水定额值处于中间水平，综合与国家和相邻省份比较结果，从先进性角度分析，广西壮族自治区制定的服务业用水定额较宽松。

二、广东省

本次选择与广东省地理位置相邻气候类型相似的福建、海南两省评估学校、医疗机构、沐浴业和洗车业的用水定额先进性。

（一）学校

经对广东省、福建省、海南省已经颁布的学校用水定额标准的对比可以看出，广东省与福建、海南两省学校用水定额相差不大，略高于福建、海南两省制定的学校用水定额，其定额值大小顺序为：海南省＜福建省＜广东省（表 8.2－4）。

表 8.2-4　　广东省与福建省、海南省学校用水定额对比表

<table>
<tr><th>类别名称</th><th>产品名称</th><th>单位</th><th>广东省</th><th>福建省</th><th>海南省</th><th>备注</th></tr>
<tr><td rowspan="2">学前教育</td><td rowspan="2">幼儿园、托儿所</td><td rowspan="8">L/(人・d)</td><td>85</td><td>50</td><td>80</td><td>无住宿</td></tr>
<tr><td>—</td><td>170</td><td>150</td><td>有住宿</td></tr>
<tr><td rowspan="2">初等教育</td><td rowspan="2">小学</td><td>50</td><td>50</td><td>50</td><td>无住宿</td></tr>
<tr><td>—</td><td>160</td><td>180</td><td>住宿</td></tr>
<tr><td rowspan="2">中等教育</td><td rowspan="2">中学、中等专业学校、技工学校</td><td>100</td><td>60</td><td>50</td><td>无住宿</td></tr>
<tr><td>180</td><td>180</td><td>180</td><td>住宿</td></tr>
<tr><td rowspan="2">高等教育</td><td rowspan="2">普通高等院校、其他高等院校</td><td>—</td><td>—</td><td>50</td><td>无住宿</td></tr>
<tr><td>250</td><td>240</td><td>220</td><td>住宿</td></tr>
</table>

（二）医院

经对广东省、福建省、海南省目前已经颁布的医院用水定额标准的对比可以看出（表 8.2-5）：

表 8.2-5　　广东省与福建省、海南省医院用水定额对比表

<table>
<tr><th>省份</th><th>类别名称</th><th>产品名称</th><th>单位</th><th>定额值</th><th>备　注</th></tr>
<tr><td rowspan="4">广东省</td><td rowspan="3">医院</td><td rowspan="3">综合医院</td><td rowspan="4">L/(床・d)</td><td>820</td><td>床位数 0～150 个</td></tr>
<tr><td>1150</td><td>床位数 151～500 个</td></tr>
<tr><td>1450</td><td>床位数>500 个</td></tr>
<tr><td>门诊部医疗活动</td><td>门诊部</td><td>180</td><td></td></tr>
<tr><td rowspan="6">福建省</td><td rowspan="4">医院</td><td>三级甲等医院</td><td rowspan="4">L/(床・d)</td><td>1500～1700</td><td></td></tr>
<tr><td>三级乙等医院</td><td>1200～1450</td><td></td></tr>
<tr><td>二级医院</td><td>800～1150</td><td></td></tr>
<tr><td>二级以下医院</td><td>400～800</td><td></td></tr>
<tr><td>门诊部医疗活动</td><td>门诊</td><td>L/(人・次)</td><td>30～40</td><td></td></tr>
<tr><td>其他卫生活动</td><td>医务人员</td><td>L/(人・d)</td><td>160</td><td></td></tr>
<tr><td rowspan="2">海南省</td><td>综合医院</td><td>病房</td><td>L/(床・d)</td><td>600</td><td></td></tr>
<tr><td>门诊部医疗活动</td><td>门诊</td><td>L/(人・d)</td><td>50</td><td></td></tr>
</table>

对于门诊用水定额，广东省最高，其余项用水定额低于海南省高于福建省。整体来看，用水定额值的大小顺序为：海南省<广东省<福建省。

（三）洗车业

与国家标准相比，广东省洗车业定额划分详细，分别按照车型大小制定了3种用水定额，最低值200L/(辆·次)，国家取水定额标准只制定了一个上限值40L/(辆·次)，严于广东省取水定额标准（表8.2-6）。

表8.2-6　广东省洗车场所取水量与国家取水定额对比表

单位：L/(辆·次)

序号	定　额　标　准	洗车取水量定额
1	《洗车场所节水技术规范》(GB/T 30681—2014)	≤40
2	广东省	≤200

通过将广东省、福建省、海南省已经颁布的洗车业用水定额标准的对比可以看出：广东省、福建省和海南省制定的洗车用水定额标准大致相同，产品划分也类似（表8.2-7）。

表8.2-7　广东省与福建省、海南省洗车业用水定额对比表

省份	类别名称	产品名称	单位	定额值	备　注
广东省	修理与护理	洗车	L/(辆·次)	200	轿车、微型客车、微型货车
				250	轻型客车、轻型货车
				400	中型以上客车、中型以上货车
福建省	汽车、摩托车维护与保养	洗车		220	轿车
				220	小型车
				400	中型车
				600	大型车
海南省	汽车、摩托车维护与保养	摩托车		10	
		小车		250	
		公共汽车、载重汽车		400	

（四）洗浴业

广东省制定的洗浴用水定额是200L/(位·d)，与国家标准制定的定额单位不一致，但如果按一天一次洗浴分析，广东省洗浴用水定额宽于国家标准（表8.2-8）。

表8.2-8　广东省洗浴场所取水定额与国家取水定额对比表

单位：L/(人·次)

序号	定　额　标　准	大众洗浴	综合洗浴
1	洗浴场所节水技术规范(GB/T 30682—2014)	130	160
2	广东省	200L/（位·d）	

经对广东省、福建省、海南省目前已经颁布的洗浴业用水定额标准的对比可以看出：单位不统一，广东省洗浴服务业用水定额单位是L/(位·d)，福建省公共浴室用水定额单位是m^3/万元营业值，海南省职工浴室用水定额单位为L/(人·班)，所以3省的洗浴业用水定额可比性不强，建议广东省洗浴业用水定额采用不受市场价格的波动而影响的单位产品用水量，即L/(m^2·d)（表8.2-9）。

表8.2-9　广东省与福建省、海南省洗浴业用水定额对比表

省　份	类别名称	产品名称	单　位	定额值
广东省	理发及美容保健服务	桑拿、按摩、沐足	L/(位·d)	200
福建省	洗浴服务	公共浴室	m^3/万元营业值	300
		桑拿	L/(人·次)	400
海南省	洗浴服务	职工浴室	L/(人·班)	50

综合与国家标准分析成果，广东省洗车业和洗浴业用水定额均宽于国家标准；综合广东省学校、医院、洗浴业和洗车业与福建、海南两省用水定额对比分析成果，广东省服务业用水定额处于中间水平，广东省服务业用水定额合理。

第三节　小　　结

工业用水定额先进性主要从两方面进行评估：纵向比较分析，将本地区用水定额与取水定额国家标准相比较，分析省区用水定额标准的先进性；横向对比分析，与地理位置相近、气候条件、作物种类和农业种植灌溉技术条件等类似省份用水定额进行比较，分析省区用水定额标准的先进性。

生活和服务业用水定额先进性评估方法为：将本地区用水定额与服务业节水国家标准、国际先进水平和其他省（区）用水定额进行比较分析，未颁布国家标准的行业，通过横向对比分析。

工业用水定额先进性评估结果：广西壮族自治区已颁布的工业行业用水定额标准中火电、石油炼制、合成氨、纺织、部分纸品、酒精、味精、啤酒和电解铝的用水定额较国标偏大，其余工业用水定额基本符合国家现有企业标准。与邻近对比，大部分用水定额值处于中间水平。总体而言，广西壮族自治区制定的工业用水定额较宽松；广东省制定的工业取水定额基本符合国家取水定额标准，与相邻省份对比，广东省制定的取水定额标准大部分严于邻近省份制定的定额值。总体而言，广东省制定的工业用水定额较合理。

生活和服务业用水定额先进性评估结果：与国家标准相比，广东省、广西壮族自治区洗车和洗浴业用水定额均宽于国家标准，与相邻省份比较，广西壮族自治区、广东省服务业用水定额值处于中间水平；综合国家标准及与相邻省份比较结果，从先进性角度评价，广东省制定的服务业用水定额较合理，广西壮族自治区制定的定额较宽松。

第九章 对策与建议

第一节　用水定额修订的具体对策

通过对农业、工业、生活用水定额评估，可以看出，地方与国家对用水定额标准的要求还有一定差距，为此提出以下建议以供参考。

（1）建议加强地方用水定额标准定额编制的规范性，对已有国家标准的用水定额，应在国家标准的基础框架下编制地方用水定额标准。对于高耗水和高污染行业，各地方均应编制相应的用水定额标准，对没有相应产品的，可引用国家标准，作为本地区今后行业发展的定额管理依据。

（2）为强化定额的约束作用，逐步引导淘汰落后用水工艺，建议省（自治区）在用水定额修编时，工业用水定额按照通用定额和先进定额分别制定，并具有强制性。

除此以外，在对广西壮族自治区和广东省工业、生活和服务业用水定额综合性评估后，针对存在的问题，提出相应建议如下。

1）广西壮族自治区。广西壮族自治区工业和城镇生活用水定额为2010年实施，农业和农村居民生活用水定额为2012年实施。从评估结果看，广西壮族自治区工业和城镇生活只有一半的定额达到国家标准，且工业和城镇生活用水定额使用已经达到5年，建议广西壮族自治区加快本区工业、生活用水定额的修订工作。

其次，建议广西壮族自治区根据国家标准复核火电、石油炼制、合成氨、纺织、部分纸品、酒精、味精、啤酒和电解铝用水定额。

2）广东省。建议广东省根据发布时间及时做好定额修订，修订时需严格按照《国民经济行业分类与代码》（GB/T 4754—2011）规定的行业代码和名称制定；其次，根据国家标准复核造纸、合成氨、小家电、给排水管件、二氧化碳等行业的用水定额值。

第二节 用水定额修订完善的管理建议

（1）明确用水定额概念。在我国目前水资源管理中使用的定额有“取水定额”和“用水定额”两种。“取水定额”依据的是“取水量”，指用水单位从各种水源实际提取的水量；“用水定额”依据的是“用水量”，指用水单位为了保证其正常运行所需要的各种水量的综合，是取水量和重复利用水量之和。取水定额一般在水重复利用现象较普遍的行业制定定额时采用，而在水重复利用现象很少的行业则采用用水定额。“用水”与“取水”在范围界定上有明显的差异，但大部分省份名义上使用“用水定额”，而实质为“取水定额”，用水定额已经成为一种习惯称呼。

（2）完善用水定额编制方法，规范用水定额的编制。我国地域辽阔，水资源分布时空差异极大，加之不同地区经济社会发展水平差距较大，因此，不可能编制出一个适用与全国的关于某一项产品（服务）的用水定额。为贯彻落实国家对用水实行总量控制和定额管理相结合的制度，水利部发布了《用水定额编制技术导则》（GB/T 32716—2016），内容包括各地制定用水定额的基本原则、计算方法和编制程序等。各地要根据《用水定额编制技术导则》，按照不同行业和不同地区的特点，遵循因地制宜、与时俱进、以供定需、公平和效率相统一、系统统筹等原则，研究定额管理和定额编制的原则，技术与方法，以及定额的核定、优化、调控、评价和监督体系，编制符合各自实际情况的用水定额标准，为各地加强水资源管理、加快节水型社会建设步伐提供基础保障。

（3）用水定额定期修订。用水定额是一个动态变化的指标，必须不断根据新情况进行定期修订和不定期修订。定期修订的可以5年为期，不定期修订是指当采用新的、较先进的节水生产工艺或设备及进行某项节水技术的改造措施后，用水水平有较大的提高，原有的定额已不再能反映实际情况时，应及时修订。

（4）构建用水定额管理信息化平台，实现取用水精细化管理。用水定额的制定、管理以及修订，涉及数据的采集、统计、分析、处理等过程以及大量的数据统计计算，因此需要建立取水定额管理信息化平台，实现数据分析的自动化，定额管理决策的科学化，提高定额管理的智能化水平。

（5）研究用水定额与用水效率的关系。探讨用水定额与用水效率之间的关系，分析用水定额对用水效率的影响，有助于通过用水定额的严格执行，并对施行最严格水资源管理中用水效率红线进行考核，以定额管理促进用水效率的提高，从而达到控制用水总量的目的。通过不断地反馈协调，调整定额，重新分配总量，在总量控制与定额管理之间寻求一种动态平衡，最终实现总量与定额的协同管理。

除此以外，针对流域机构用水定额管理方面，还有如下建议：

（1）做好定额的制定和修订，逐步完善取用水计量设施安装。我国现有的水资源管理制度，如水资源论证、取水许可、计划用水、水资源有偿使用制度从项目的前期立项到建设实施以及后期运行都涉及定额管理，已经为定额管理提供了有利的管理手段。因此，定额管理的重点不是在制度层面，而是在基础工作的完善，包括定额制定和修订以及取水计量设施的完善。一方面各省要制定覆盖广、针对性强、先进的用水定额。定额制定一定要和具体的生产工艺结合以便于适用，定期对用水定额进行修订，组织企业开展水平衡测试工作；另一方面要下大力气推进取水计量的安装，依靠全国水资源监控能力建设或其他途径建立流域、省、市、县的水资源管理监控体系，逐步实现对取用水户的计量安装。

（2）流域机构要跟踪监督定额制定。从目前的发展形势来看，流域机构负责流域内重大水利规划的编制，直接管理重要的取用水户，指导流域内节水型社会建设等工作，但总体上流域机构在定额管理方面管理力度还不够，尤其在定额标准的制定上。流域机构跟踪定额制定很有必要，有利于合理制定定额的建议，各地在定额制定或修订时要向流域机构备案。允许流域机构开展流域层面用水定额体系的制定，探索在流域层面整合相关省（自治区）颁布用水定额标准的方法，从农业、工业、生活、第三产业和建筑业全方位剖析和寻求在流域层面确定合理的用水定额的方法。

参 考 文 献

[1] 王瑗，盛连喜，李科，等. 中国水资源现状分析与可持续发展对策研究[J]. 水资源与水工程学报，2008，19 (3)：10-14.

[2] 崔延松. 水资源经济学与水资源管理理论、政策和运用 [M]. 北京：中国社会科学出版社，2008.

[3] 程丽萍，李清欣. 企业用水定额的编制与探讨 [J]. 黑龙江水利科技，2001，29 (1)：57-58.

[4] 陈学福，关洪林. 湖北省工业和城市生活用水定额研究 [J]. 中国农村水利水电，2002 (4)：32-33.

[5] 蔡琢，赵金辉，蒋军成，等. 城市宾馆业用水定额制定探讨 [J]. 水资源与水工程学报，2007，18 (4)：96-98.

[6] King J，Louw D. Instream flow assessments for regulated rivers in South Africa using the Building Block Methodology [J]. Aquatic Econsystem Health & Management，1998，1 (2)：109-124.

[7] Amir I. Fisher F M. Analyzing agricultural demand for water with an optimizing model [J]. Agricultural Systems. 1999，61 (1)：45-56.

[8] 刘强，桑连海. 我国用水定额管理存在的问题及对策 [J]. 长江科学院院报，2007，24 (1)：16-19.

[9] 裴源生，刘建刚，赵勇，等. 水资源用水总量控制与定额管理协调保障技术研究 [J]. 水利水电技术，2009 (3).

[10] 王林辉，刘新艳. 加强用水定额管理的几点动议 [J]. 黑龙江水利科技，2007，35 (3)：149-149.

[11] 左建兵，陈远生. 实施取水定额管理的几个关键问题探讨 [J]. 中国水利，2007 (7)：27-30.

[12] 刘昌明，陈志恺. 中国水资源现状评价和供需发展趋势分析 [M]. 北京：中国水利水电出版社，2001.

[13] 董辅祥，董欣东. 城市与工业节约用水理论 [M]. 北京：中国建筑工业出版社，2000.

[14] 侯捷，林家宁，武涌，等. 中国城市节水 2010 年技术进步发展规划 [M]. 上海：文汇出版社，1998.

[15] 王宏义．工业及城市生活用水定额编制的探讨［J］．科技情报开发与经济，2003，13（8）：68-69.

[16] 广西壮族自治区水利科学研究院，广西壮族自治区质量技术监督局，广西农林牧渔业及农村居民生活用水定额（DB 45/T 804—2012）.

[17] 海南水务局，海南发改厅．海南省工业及城市生活用水定额，2015.

[18] 广东省水利厅，广东省质量技术监督局．广东省用水定额（DB44/T 1461—2014）.

[19] 湖北省水利厅，湖北省发展计划委员会，等．湖北省用水定额（试行），2003.

[20] 江苏省水利厅，江苏省质量技术监督局，江苏省工业和城市用水定额，2005.

[21] 浙江省水利厅，浙江省经济贸易委员会，浙江省建设厅，浙江省用水定额（试行），2004.